天下文化
BELIEVE IN READING

ANTI-TIME MANAGEMENT

Reclaim Your Time and Revolutionize Your Results
with the Power of Time Tipping

反時間管理

拿回時間掌控權，每天做喜歡做的事

Richie Norton

連續創業家、企業高階主管教練

瑞奇・諾頓 ———— 著

李斯毅 ———— 譯

各界好評

這是一本單單從「各界好評」，我就會選擇閱讀的書。當全球頂尖的思想家們，同時推薦一本探討「時間」的著作，書中必定有值得深思的新穎觀點。果然，這本書結合了後疫情的時代背景與亙古不變的處世智慧，讓我重新思考了目的、意義與每天生活之間的關係。

——綠藤共同創辦人暨執行長　鄭涵睿

觸動心扉、激發驚嘆！瑞奇·諾頓這輩子遭遇太多痛苦，但也因此發想出擁抱生活的框架，並且幫助所有人取回時間、實現夢想。

——蘇珊·坎恩（Susan Cain）
《紐約時報》（*New York Times*）冠軍暢銷書
《悲欣交集》、《安靜，就是力量》作者

我們完全誤會時間了！瑞奇·諾頓將徹底改變各位運用時間的方式，使人們不再濫用時間。我們以為問題在於時間不

夠用，實際上是我們缺乏注意力。如果不想再受到時間的操控，就要完全掌控時間，放任自己去做真正重要的事，讓時間開始為你效命，取得讓自己成功的力量，掌握能真正展現成果的力量……喔，事實上，要讓大腦「改變遊戲規則」，只需閱讀幾本令人愛不釋手的書籍，而這本書就是關鍵！

——傑伊‧亞伯拉罕（Jay Abraham）
全美首席行銷專家

瑞奇的文字幫助我的大腦重新連線，並觸動我的心靈。他的獨門絕技瞬間改變我的觀點，讓我現在就能夠觸及未來。他的洞見以及他提出的問題讓我重新調整自己，改變思維的優先考量順序，進而改變人生的優先考量順序。

——西拉（Sirah），葛萊美獎藝人

強悍有力！本書將幫助讀者釐清並優先考量對人生與時間真正重要的事。瑞奇‧諾頓的文字動人，深刻描述個人故事，讓人從頭到尾捨不得將這本書放下。

——馬歇爾‧葛史密斯博士（Dr. Marshall Goldsmith）
Thinkers50首席高階主管教練、
《紐約時報》暢銷書《練習改變》、《UP學》與
《UP學2魔勁》作者

深具說服力……切中要點……具實用價值……激勵人

心……英明睿智。假如各位希望將夢想放在時間軸的前端，瑞奇‧諾頓可以教你如何做到。本書是繼《一週工作四小時》之後的另一部傑作。值得給予喝采！

　　　　　　　　　　—— 惠特妮‧詹森（Whitney Johnson）
Disrupt Advisors 執行長、Thinkers50 十大企業思想家

瑞奇‧諾頓非常聰明，而且他再次證明了這一點！這是一本很了不起的書，充滿突破性的見解，而且相當實用、馬上就能派上用場。我們都在努力尋找工作與生活的自由，瑞奇卻將這種複雜的層次加以簡化。他的方法激勵我，給予我希望與歡樂，讓我為生活、家庭與事業創造出更多空間。我相信他也同樣能夠幫助各位！

　　　　　　　　　　—— 小史蒂芬‧柯維（Stephen M. R. Covey）
《紐約時報》與《華爾街日報》（Wall Street Journal）冠軍暢銷書
《高效信任力》、《信任與激勵》（Trust & Inspire）作者

瑞奇‧諾頓寫了一本關於自由的書，將永遠改變我們對時間管理的看法。各位將學會如何思考得更長更遠，並採取正確的步驟來打造想要的生活。

　　　　　　　　　　—— 多利‧克拉克（Dorie Clark）
《華爾街日報》暢銷書《長線思維》作者、
杜克大學福夸商學院（Duke's Fuqua School of Business）教授

瑞奇・諾頓一向能將策略、價值與心靈巧妙的組合，並帶入自己做的每一件事當中。本書也不例外，書中完美結合實用主義的框架與激發改革的動機。如果各位閱讀本書並依循書中建議，頭腦會更清晰、心情會更愉悅，並且變得更有生產力。

――潘蜜拉・史蘭（Pamela Slim）
《創業是人人必備的第二專長》、
《最寬廣的網絡》（*The Widest Net*）作者

《反時間管理》點燃了火花！本書透過出乎意料的方式釋放所有人的能力，將時間轉化為自由。瑞奇和我合作多年，透過他教我的時間翻轉原則，我們一起將錯綜複雜的專案變成可以獲利的計畫。瑞奇・諾頓將告訴各位，如何把不想做的事情自動完成，並且因此在想做的事情上獲得自主權。各位會和我一樣成為時間翻轉者而獲得喜樂。

――約翰・李・杜馬斯（John Lee Dumas）
暢銷書《普通人的財富自由之道》作者、
屢獲殊榮的《火力全開的創業家》（*Entrepreneurs on Fire*）
Podcast 節目主持人

瑞奇・諾頓是各位應該擁有的導師。在這本最新著作中，他從本質上簡化管控時間的方式，進而簡化生活！瑞奇翻轉傳統商管式的時間管理思維，各位將學到如何靈活運用時間而不再陷入矛盾。此外，由於人人設定的目標各有不同，各

位會愛上他這套獨特、又有彈性的方法。要拯救自己免於過勞……就閱讀這本書吧！

—— 夏琳・強森（Chalene Johnson）

生活風格與商業專家、演說家、

《紐約時報》暢銷作家、優秀頂尖的 Podcast 主持人

如果想要開始一項新的任務，就需要時間；如果想要擁有可以把事情完成的藍圖，本書就是解答。所有人都需要控制時間的方法，而瑞奇將確切的執行方法拆解開來，成功的讓人人都能取得成果。我曾經和瑞奇共事，也很常使用這些方法，因此我可以百分之百保證，這本書一定能夠改變各位的人生。

—— 帕特・弗林（Pat Flynn）

弗林企業（Flynndustries）執行長、

《聰明被動收入》（Smart Passive Income）Podcast 節目主持人

在本書中，瑞奇・諾頓提供一套範本，幫助我成為當代串流媒體流量最高的藝人之一。如果我們只專注在自己的清單上，就會排拒一股更高深的引導力量，但那股力量其實希望我們的每一場冒險都能獲得成功。瑞奇，謝謝你提醒我和每個人注意到上天賦予的力量，使我們創造出前所未有的成功，並改善周遭所有人的生活。

—— 保羅・卡鐸（Paul Cardall）

告示牌（Billboard）冠軍藝人，串流媒體流量超過30億次

瑞奇在本書中融合絕無僅有的經歷與生活體驗，並且結合重點知識、行動步驟，以及最關鍵的提醒：時間無疑是我們最有價值的資產。如果想要提升生產力並屏除所有讓人分心的阻礙，本書是必讀之作。

—— 克里斯・達克（Chris Ducker）
暢銷書《虛擬自由》（*Virtual Freedom*）作者

如果我們先決定自己想要擁有什麼樣的生活，再安排工作來建立這種生活，狀況會有什麼樣的改變？這是一種革命性的觀點，但是遠比想像更容易實現。瑞奇・諾頓將分享他如何做到這一點，以及各位該如何同樣辦到這一點。讀完這本書之後，各位會對世界上的一切事物產生截然不同的想法。

—— 蘿拉・賈斯納・奧汀（Laura Gassner Otting）
《華盛頓郵報》暢銷書《無止無限》（*Limitless*）作者

本書使我茅塞頓開，我不會再以同樣的角度看待時間。諾頓傳達的訊息充滿開創性，他提醒我們要優先考量自己專注的目標並創造時間，這能幫助我們找出工作與生活中優先事項之間的和諧。如果想在生活中擁有更多時間，一定要閱讀諾頓這本最新傑作。

—— 瑞特・鮑爾（Rhett Power）
當責公司（Accountability Inc.）共同創辦人、
《富比士》（*Forbes*）專欄作家

《反時間管理》是新時代的標誌，閱讀這本書能讓你的生活與事業蒸蒸日上，並且幫助你充分利用最寶貴的時間。瑞奇說得沒錯！反時間管理是最新的時間管理方法。瑞奇・諾頓是我長期以來的導師，他在這本書裡教導的一切，使我從一介窮學生變成身價百萬的暢銷書作家與企業家，而且我完全不必犧牲家庭生活，家庭還能逐漸成長壯大。本書實在充滿啟發！

—— 班傑明・哈迪博士（Dr. Benjamin Hardy）
暢銷書《我的性格，我決定》、
《現在就成為未來的自己》（*Be Your Future Self Now*）作者

瑞奇是一位大師，他將偉大的構想簡化為可以實踐的行動，還讓我們看清楚在運用時間的方式上有哪些不容忽視的錯誤。這本書將循序漸進的提供指導，幫助你設計你應該擁有的生活。

—— 漢克・佛騰納（Hank Fortener）
AdoptTogether.org 創辦人暨音樂執行長

接受瑞奇・諾頓的指導並運用他的時間翻轉原則，就像是從山頂俯瞰人生，而不是置身荒野小徑。我從一個幾乎沒有時間的忙碌律師，變成一個開心活出個人價值的丈夫與父親，還擁有時間去做我喜歡做的事；於此同時，我的事業超乎想像的不斷擴張，可以支持我與家人以理想中的方式生

活。《反時間管理》完全解放所有生產力，帶來超越世代的深遠影響，從生活中最重要的層面打造遺澤。瑞奇教導我們的觀念，對我的事業、生活與家庭而言是無價之寶。

——AJ格林（AJ Green）
格諾堡蘭德公司（Grnobl Land Co.）執行長

獻給格里夫（Grif）

早上起床後，我就在改善（拯救）世界與享受（欣賞）
世界的渴望之間徘徊，這讓我難以規畫一天的行程。

——E. B. 懷特*

---

* 譯注：艾爾文・布魯克斯・懷特（Elwyn Brooks White，1899 年 7 月 11
  日～ 1985 年 10 月 1 日）是美國作家，最著名的作品是 1952 年的《夏綠蒂
  的網》（*Charlotte's Web*），全球銷售突破百萬本，並獲得紐伯瑞文學獎、蘿
  拉・英格斯・懷德金牌獎。

目次 CONTENTS

第 2 部

實踐：從分心轉向展開行動

第 3 部

報酬：不要把夢想變成工作

第 4 部

多產：超越目標、習慣與優勢，不要落後

反時間管理：時間翻轉的框架

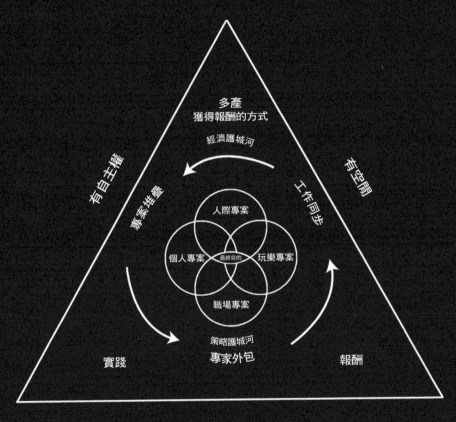

時間
TIME

「今天」就是我的一切
TODAY IS MY EVERYTHING

時間＝「今天」就是我的一切

蓋文定律：為開始而活，開始過生活。

「**彈道飛彈威脅夏威夷！**

一枚彈道飛彈**恐將侵襲**夏威夷。

立即尋求掩蔽，靜候進一步通知。」

當這則訊息出現在我的手機螢幕上，我正站在朋友家
的客廳裡，離我夏威夷的家與家人有數千英里之遙。

我打電話給太太。

沒人接。

我打電話給三個兒子。

沒人接。

沒人接。

沒人接。

「**這不是演習**。回覆『好』以確認收到訊息。」

　　我又撥打一次電話，接著13歲的兒子卡登（Cardon）接了起來。他在驚慌失措中結結巴巴的哭著向我告別，因為他很肯定自己要死了。

　　「爸，我很愛你。」

　　我原本站著，這時已經癱坐到地板上，茫然的看著前方。

　　還是青少年的兒子剛剛向我訣別。

　　我甚至無法安慰家人，悲傷在我體內不斷翻攪。但這並不是我第一次感到無能為力，我的世界再次崩塌，彷彿輪子又轉了一圈。

　　在那一瞬間，我的腦中閃過一場又一場悲劇……我與家人曾經歷過一長串不幸事件，好不容易才能走到今日。

　　我回想起當初摟著太太娜塔莉（Natalie）的肩膀走出醫院的每一步。在那之前不過短短76天，我們才走進另一間醫院迎來第四個兒子，然而可愛的寶寶小蓋文（Gavin）卻不幸感染百日咳死去，我們的心被掏空，兩手空空走出醫院。

　　我還想起安葬娜塔莉的弟弟蓋文的那一天，我們年紀還小的孩子看著我們，不明白「舅啾」發生了什麼事，年僅21歲的蓋文在睡夢中離開我們，一切至今歷歷在目。

　　我想到曾經寄養在家中的三個可愛孩子，我們因為辦理收養手續失敗而失去他們，我很想知道他們在其他地方過得好不好。說真的，這種痛苦有時候比摯愛離世更加難熬，因為一切沒有盡頭。他們還好嗎？還知道我們依然愛他們嗎？

　　近期發生的事件也湧進腦中，我又想到親愛的娜塔莉。在收養確定失敗之後某天，娜塔莉在我們前往機場途中突然中風。她失去記憶，無法說出完整的句子，不僅想不起我們的名字，也記不起任何事情。當時我一邊開車，一邊急著想弄清楚到底出了什麼問題。那種發自內心的恐懼，至今依然讓我記憶猶新。我的大兒子羅利（Raleigh）當年才12歲，儘管母親已經喊不出他的名字，還是耐心的安撫她。我則瘋狂尋找最近的醫院，急忙把車子駛下交流道。

　　我仍然記得在醫院裡試圖冷靜下來，以及填寫一大堆表格的時候，全身被恐懼支配。我覺得自己幾乎就要癱瘓，只盼望狀況不會把我們壓垮。我們從一間醫院轉診到另一間醫院，醫生做了各種檢查，沒想到最後卻說娜塔莉沒有什麼問題，完全沒事。只檢查出中風的症狀或小中風的跡象，可是大腦奇蹟似的沒有受到任何損傷。幾天之後，娜塔莉的記憶恢復正常了，只留下一些斷斷續續的副作用。

　　預後狀況呢？

　　「可能復發。事實上，非常可能會復發。」

　　醫囑是什麼？

　　「繼續過日子，除此之外你們也無能為力。」

　　我告訴娜塔莉，我認為應該放棄原本計畫的旅行，因為很顯然我們最好回家，讓她躺在床上好好休息。

　　「不行，」她說。

　　娜塔莉對我說，在經歷那麼多事情之後，如果讓她回家躺下來，她恐怕再也無法振作起來；畢竟她失去弟弟、失去我們的小寶寶，還失去寄養在我們家的三個孩子。她希望以不同的方式鼓舞自己與家人，既然沒有臨床處方藥，為何不創造出一點空間讓自己鼓起勇氣？

　　於是她面對恐懼，搭上飛機。

　　我驚嘆她在那次中風之後展現的勇氣，因此我知道她在面對飛彈警報時必然會表現得十分振作。接著，我的思緒又想到後來發生的另一場悲劇。

　　當時我受邀為某場活動發表演說，因此搭機飛離夏威夷。根據計畫，演講後將前往中國，和我名下一間公司的新供應商見面。當時已經是美國本土的深夜，我接到夏威夷一位朋友打來的電話。他之前已經先打過兩次電話，還傳了一封簡訊給我。

　　我11歲的兒子林肯（Lincoln）被車撞傷了。

　　一個違規超速、分心的駕駛沒看到林肯正在過馬路，導致林肯嚴重受傷。另一位在現場的朋友說林肯被撞得不成人形，她幾乎認不得。我立刻取消演講與中國的行程，飛回夏威夷歐胡島（Oahu）。

　　我還記得抵達醫院時，根本認不出躺在病床上的兒子；我踏入過許多間醫院，這又是另一間不同的醫院。林肯

處於人工昏迷*的狀態，肺部塌陷，部分肝臟因遭受撞擊而壞死。他歷盡苦難折磨，身上有太多無法逐一列出的創傷，必須接受許多手術，多到無法逐一說明，其中還包括臉部重建手術。最後，當他終於從昏迷中清醒時，他說的第一句話是：「我們還能去潛水看鯊魚嗎？」

潛水賞鯊是我們為他的生日安排的計畫，結果他只能在醫院裡度過12歲生日。

我也記得當時認為這次可怕的遭遇會把林肯嚇壞，進而影響他的生活，可是他和他的母親一樣，積極的開創空間讓自己鼓起勇氣。他每天都做自己想做的事，例如乘在超過25英尺（約7.62公尺）高的巨浪上、駕駛帆船、騎乘山地自行車，還成為一個多才多藝的好孩子，盡心服務、樂於助人。他知道受傷是什麼感覺，因此發展出一種獨特的同理心。

為什麼我在家人遭到飛彈攻擊時會想起下列事情？

- 我的兒子死於百日咳。
- 我的小舅子在21歲突然去世。
- 我們失去三個孩子的監護權，他們已經寄養在我們家兩年，中間不曾間斷。

---

* 譯注：透過藥物對患者進行深度麻醉，讓大腦僅留下最基礎的維生機能，更能妥善保護受傷的大腦，留下能量全力修復損傷。

- 我的妻子在35歲中風。
- 我的孩子在11歲時差點因為車禍喪生。

　　我再讀了一次夏威夷州發出的第一封警報簡訊，心中滿是痛苦與恐懼時思考著：「至少我們的人生沒有遺憾。」

　　我們曾經多次和悲劇擦肩而過，這使我們非常堅定的投入**以價值為導向、以時間為中心**的人生。我們不會等到未來才去實現夢想；當我們開始希望擁有實現夢想所需的金錢與經驗時，也不會等到「也許有一天」才行動；因為我們要實現夢想，就在今天。我們非常理解生命有多短暫、倉促，也清楚知道被稱為「時間」的這種貨幣具有不可思議的價值。雖然我們可能無法擁有一切，但是可以盡情生活，而且我們總是可以這麼做。

　　當夏威夷的鄉親躲進浴缸或壁櫥、忙著撬開人孔蓋跳入下水道時，我只能無助的坐著，安全無虞的置身在4,000多英里（約644公里）之外。

　　接下來是我人生中最漫長的38分鐘。最後，我們收到「一切沒事」的消息，才知道這個尷尬的結局只是一場意外，而且或多或少算是人為疏失，狀況和政府與當地新聞台宣布的消息不同，北韓並沒有發動攻擊。我的腎上腺素消退，取而代之的是一股深深的解脫感。我不禁滿心感激，並思忖「不留任何遺憾的生活」這樣的想法有多重要。

蓋文定律：「為開始而活，開始過生活。」

在我的小舅子蓋文以及兒子小蓋文去世之後，一位導師問我從他們短暫的人生中學到什麼。那時我清楚說出「為開始而活，開始過生活」（Live to Start. Start to Live）這幾個字，後來把它稱為「蓋文定律」（Gavin's Law），如今也透過自己的作品，和全世界數百萬人分享這個座右銘。創傷能夠以一種有趣的方式改變人們的思維，我生命中兩位蓋文的離世，迫使我重新思考自己的人生是怎麼建構起來。當我安靜的自我反思時，才發現「為開始而活，開始過生活」這句對我相當重要的話語，已經開始形塑我的日常生活。

當這句話塑造我並指引我的決定時，我看見其他人也開始和我經歷相同的改變。我的親朋好友在遭逢人生挑戰與內心掙扎時逐漸轉變，他們的價值觀因而改變，對於耗費注意力與運用時間的選擇也因此不同。

我很幸運的從一些讀者那裡得知，我在《開始做蠢事的力量》（The Power of Starting Something Stupid)）書中所闡述的蓋文定律已經幫助他們將家人、朋友與夢想擺在最優先、有意義的位置，而不是必須被犧牲的選項。賺取金錢與守護重要的人事物，這兩件事可以齊頭並進。

蓋文定律確實具備一種能量。現在就開始將你腦中積壓的想法化為實際行動，並且在現實生活中實踐你的想法，因為這才是人生的要務。

和時間無關，而是和你有關

　　我為「時間」這個詞創造出一個字首縮略句，用來幫助我將注意力放在最優先的事項與機會，同時還能夠活在當下、享受當下：

時間（TIME）＝
「今天」就是我的一切（Today Is My Everything）

　　我寫這本書的目的，是為了幫助大家創造出可以專注在時間上的高度信任環境，因為**時間就是各種資源的根本**；如此一來，人們便可以在服務他人時做出更大的貢獻，還能在遭遇挫折、甚至落入不幸時，仍然過著有意義又充滿喜悅的生活。

我的用意

　　我希望像這樣優先考量專注目標與創造時間的訊息能夠變成一種可以習得的技能，所有人都能練習，並且更順利的達成目標。

- 你的個人生活與專業職涯將有所成長，讓你把最重要的人事物放在當下生活的中心，而不是讓你的夢

想、摯愛與偉大的構想空等，直到不確定、不存在
又遙不可知的將來，你才終於有時間去重視這些人
事物。

● 你將能幸運的補足生活中失去的時間、創造豐裕的
未來、獲得美滿的工作成果，並且在所到之處產生
正面的影響。

接受人生的無常，接受壞事可能會發生在好人身上。
相信自己有勇氣可以在各種情況中找出好的一面，並且心存
感激。雖然要持續前進很困難（甚至很可怕），但也是英勇
的行為。

每個人內心最優秀的一面，將隨著勇氣而展現出來。

這本書能幫助你透過創造性的思維，開闊心智與心
靈，帶你接觸新的道路與契機。勇敢一點，給自己一個機
會，即使路途艱難也要走下去。

每一場日落都是重啟人生的機會

如果你和我一樣，心中可能也有很多事情想做，但是
沒有時間去做。我寫這本書有一部分的原因，是為了解決這
種角力對峙。我會做一件簡單的小事來幫助自己欣賞每一
天、紓解我的焦慮，並且為新的動態挪出更多空間。

我會觀賞日落。

對我而言，日落就像一個隱喻，代表生命中來來去去的事物。

結束就是開始。

如果你在日落時重啟人生，悲劇就變成萌芽中的勝利，壓力變成未來的成功，溝通不良也變成有意義的契機，可以用來建立信任。

這本書的開端，就代表你的抱負的日落時分；這本書的尾聲，則象徵你的夢想的日出時刻。也就是說，你必須從自己想要成就的未來（日落）開始努力，並且打造出路徑以便掌握今天（日出）。

請試著想像兩年後的日落。

反思一下，你希望自己在這730天裡變成什麼樣的人、經歷什麼樣的事？

在每一次日落之間，你所進行的每一項活動加總起來將影響你，決定你能主導人生，或是過著單調乏味的人生。

如果你今天已經達成想要的目標，你的人生會是什麼模樣？

如果你現在就能根據理想未來的本質創造出一個個人生態系統，並且日復一日的培育、提升、推動這些標準融入現實生活，狀況會有什麼不同？

這本書將幫助你實踐多元思維與動態工作，讓你不再因

為傳統的目標、習慣與優勢的管理方法而陷入歇斯底里。

　　本書會依照順序提出一些周密、策略性的問題，幫助你思考自己所在的位置、想要抵達的位置，以及如何透過時間翻轉來達成目標。

時間翻轉：超越時間管理

　　提醒：時間管理是設計用來設定薪酬等級的手段，不是為了提高你的生活品質。

　　100多年前，人類逐漸遠離以日出日落為活動基準的農業勞動工作。工業家發明打卡鐘之後，便開創人類與時間之間嶄新的抗衡關係。腓德烈・溫斯洛・泰勒（Frederick Winslow Taylor）在1911年出版的《科學管理原理》（*The Principles of Scientific Management*）中寫道：「過去，人類排在第一位；未來，系統必須排在第一位。」

「系統必須排在第一位。」

　　幸運的是，儘管時間管理根植於工業時代原則，我們已經生活在這種年代的末期，大企業再也無法藉著壓榨勞工的血汗與眼淚來成長茁壯。相反的，假如哪間公司再以這種方式行事，將招致議論，況且網路資訊流通，人們將會選擇

可以讓自己成長茁壯的新工作。至少，這是我對當今多種選項寄予的期望：能夠形成「選擇的經濟」。

我與家人為自己打造以價值為導向、以時間為中心的生活，這是我們的選擇。我們為自己打造以彈性與注意力為優先考量的工作環境，認為人「必須排在第一位」。

人必須排在第一位。

像這樣把人排在第一位的方式，可以讓我們脫離剝削所有人的舊式時間管理方法，也使這本書著重在關注當下，以及創造全新未來。如同先前工業革命取代農業工作，我們現在擁有的先進技術、演算法與人工智慧，也將取代藍領與白領階級的工作。

不過，謝天謝地，還好我們有辦法控制這一點。

預測工作的未來：後管理運動

管理革命已經發生。

「後管理時代」已經到來。

這個世界的企業集團不會變得中央集權，愈成長愈大，反而會分解為微型企業，往外擴散來保持靈活。

領導者的權力會被分散，因此最受重視的領導能力將

是辯識力（discernment）。

經理人將更像創業家，而且更直接的負責營收的成長與淨利的利潤。

個人創業家即將崛起，因為自由接案者將成為可以運用的資源。

教育工作者也必須採用不同的教育方式，因為學生正準備在變化迅速的數位、社會、政治、經濟與文化環境中成長茁壯。

「虛擬實境」（virtual reality）將成為現實，我們工作、生活的方式將在數位與實體之間無縫接合，或者全數進入元宇宙。

「專業人士」必須停止現在的做法，不要再像機器人一樣工作，並且開始練習恢復活力與熱情，在工作中展現出個人人性化的一面。

機器人將接手它們有能力完成的所有工作。

當人工智慧接管一切時（而且這種情況真的會發生），人類的工作將出現什麼樣的轉變？

我們會一起變得更機靈、更縝密、更有創造力，以提供價值與意義；就本質而言，工作將變得更有「人性」。

與此同時，隨著四面八方不斷拋來大量事物要我們吸收，我們必須發展出更高超的技能，才能取得想要的事物、擺脫不要的事物。與信號調和，而不是與噪音調和，將會成

為市場上的破壞性革命，成為顛覆性的演變。

　　隨著24小時全年無休的網路將個人的時間與工作的時間混為一談，彈性的工作與創業精神將成為更普遍的常規，支持並提供更多自由、「平衡」與自主權。人們想要的工作必須能夠提供意義與金錢，還要讓他們能夠在自己選擇的地點（或者不指定地點）工作。

　　商業的本質正在轉變。無論未來如何，今日的機會在數年前根本不存在。你的未來也將是如此。因此，我們必須在有能力的時候盡可能創造、享受人生，並且極力適應顛覆性的改變。

　　本書闡述的原則不受時間的限制，你可以在面臨各種情境的混亂與變化中掌控機會與挑戰。根據優先考量事項為主來安排生活，以及根據隨時出現的各種工作來安排生活，完全是兩種截然不同的生活方式，兩者的成本與回報也顯然不同。但是無論哪一種方式，都是你的選擇。

> 你可以用工作來支持個人生活，
> 但你的個人生活不必成為工作祭壇上的犧牲品。

　　由科技、全球化環境以及彈性與自主權驅動的市場力量，已經瓦解階層式官僚主義的戒律。

歡迎來到後管理運動。

工作與生活的彈性只是起點，不是終點

如何在後管理時代工作。工作與生活的彈性已經成為企業的獎勵，但可以確定的是，當公司提供這種福利，其實也是為了公司利益考量。

這些工作與生活彈性的專案，是否曾讓你覺得受困於權衡妥協之中，彷彿陷入時間的陷阱？

時間的陷阱看起來像是自由，但實際上就如同倉鼠滾輪一般。

企業的彈性「最佳實務」通常會創造出一種工作文化，故意把你困在家裡工作。

- 工作上的政策與程序是否曾經對你的家庭生活產生不良影響？
- 你的家庭生活是否和工作時程有所衝突？
- 舉例來說，如果你因為工作被困在家裡的書桌前，無法參與孩子的三年級課程，這樣哪裡會比困在辦公室裡更有彈性呢？
- 難道狀況真的必須這樣發展嗎？

　　這些最佳實務所花的時間會超過人們可以接受的程度。好好想清楚，並透過持續學習、改進與應用，讓你的人生煥然一新、更上一層樓。

　　重新排定工作與生活選擇的優先順序，其實存在一個固有的風險。最常見的工作與生活陷阱，是將某個優先順序很低的任務換成另一個優先順序同樣很低的任務，因此陷入永無止盡、不斷在任務管理與建立目的地之間穿梭的厄運迴圈。

你的人生注定要永無休止的切換任務嗎？

　　行事曆無法讓你解決這個問題，最新的時間管理技術也幫不上忙。

　　如果你不斷變動目標、改變習慣、切換優勢，卻一直無法達到想要的結果，也許你沒有關注更大範圍的環境，或是忽視自己置身其中的更大局勢。

　　你的工作與生活彈性水準，不是以你每週可以在家工作幾個小時來衡量。工作與生活的彈性是三種能力的融合：有空閒（availability）、有技能（ability）、有自主權（automony）。

　　想要迅速確定自己的工作與生活彈性的水準，只要問自己有多少能耐，可以順利建立起做某件事必需的**空閒、技能與自主權**。舉例來說，問自己下列這些和工作與生活彈性

有關的時間、方法與選擇的問題：

- 你有多少**空閒**可以隨心所欲完全投入一項新專案、享受長假、毫無壓力的出去遊玩、寫書、停止工作等？選出任何一項你一直想做、但還沒有去做的事，然後問自己為什麼還沒有去做。
  - 你有多少空閒能夠完成這件事？
  - 你自由嗎？
  - **你有時間嗎？**

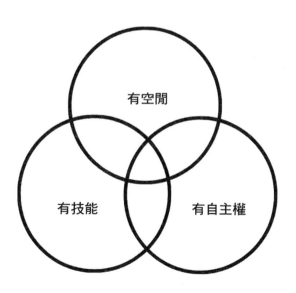

■ 如果你想做,現在有多少**技能**(本事)去做這件事?

- 你有多少能力與機動性能夠完成這件事?
- 你可以辦到嗎?
- **你有方法嗎?**

■ 你有多少**自主權**、選擇權、自由意志?或者說,你必須做這個決定嗎?

- 你有多大的決定權能夠完成這件事?
- 你可以依照意願自由行動,而不會對別人產生負面影響嗎?
- **你有選擇嗎?**

工作與生活的彈性不僅僅是時間上的自由;工作與生活的彈性是主動選擇運用時間的方式,以便獲得更健全的工作與生活。

讓職場工作支持個人生活發展健全是一種選擇。

工作與生活的彈性在於有空閒、有技能、有自主權;工作與生活缺乏彈性是因為沒有空閒、沒有能力、權力遭到剝奪。

下一次當你對工作上或生活中想做的事情說「不」時,請問問自己有多少彈性。在不犧牲個人價值觀的情況

下，你該怎麼做才能夠提高生產力？

．．．．．．．．．．．．．．．．．．．．．．．．．．．．．．．．．．

　　彈性不是老闆給的禮物。

　　你必須靠自己創造彈性，

　　就算你就是老闆也一樣。

．．．．．．．．．．．．．．．．．．．．．．．．．．．．．．．．．．

　　你所做的每一個選擇都可以讓你在某件事情上具有更多空閒、技能，以及／或是自主權，而且／或者在另一件事情上具有較少空閒、技能，以及／或是自主權。人物、地點與時間息息相關……而且這些才是重點。你或許有能力去做某件事，但是有空閒去做別件事，卻只被允許去做另一件事，或者情況也可能相反。

　　那麼，你應該如何真正獲得工作與生活的彈性？該怎麼做才能體驗到工作與生活上心靈健全的自在感？要解放你的自主權，並且取得彈性來依照你的興趣而行動，關鍵在於將你專注的目標擺放在最優先的位置。

．．．．．．．．．．．．．．．．．．．．．．．．．．．．．．．．．．

　　好事不會因為管理時間而發生，

　必須將專注的目標擺在最優先的位置才能實現。

．．．．．．．．．．．．．．．．．．．．．．．．．．．．．．．．．．

時間翻轉

掌握你的時間，就是擁有空閒、技能與自主權來選擇如何運用時間，並且有意義又不後悔的運用時間。掌握你的時間不只是管理時間；掌握你的時間不代表你需要另一套行事曆。你不必計畫出完美的一整週，也不需要嘗試其他提高生產力的伎倆。

當你以夢想為起點而展開行動，
就不必朝著夢想而努力工作。
無論你是為別人工作，或是為自己工作，
你都可以掌握自己的時間。

有時候，你可能會覺得在追求夢想之前必須先顧及生活中的其他面向。就像是人們常說，你的「真正人生」往往會因為你的「工作人生」而必須退居第二線。在這種情況下，你的「真正人生」圍繞著你的工作人生打轉，讓你幾乎沒有時間享受你的「真正人生」。

現今，我們有很多方法可以試著「管理」我們的時間，而且我們也非常了解那些方法，但是我們依然沒有所需的時間享受我們真正的人生，並且追求我們的夢想。

如果我們不依靠時間管理，那麼應該依靠什麼呢？

那就是，時間翻轉。

時間＝「今天」就是我的一切

時間翻轉框架呼籲大家立刻採取行動，並且為可用的時間創造正面的複合效應。

時間翻轉的自由空間是你以策略創造出來的環境，如此一來，每當問題出現時，你會有彈性可以修復它，防止問題再次發生，並且重新建構更美好的未來。

> 你和理想的工作風格之間
>
> 只差做出時間翻轉的選擇。

反時間管理教你如何完全擁抱一種以時間為中心、以價值觀為依歸的哲理，讓你在享受時間自由、地點自由與收入自由的同時，又能實現生活與工作中最優先考量的事項。反時間管理提供一種策略性的方法，讓你此時此刻就能創造出更多時間。

想要拿回你的生活，就要先拿回你的時間。

什麼是<u>時間翻轉者</u>？

　　<u>時間翻轉者</u>會有意識的執行可以長期創造時間的專案，而且長期創造的時間，會比短期耗費的時間還要多。

　　<u>時間翻轉者</u>會從最終目的著手，並透過專案堆疊、工作同步與專家外包等方式獲得符合他們價值（觀）的報酬。

　　<u>時間翻轉</u>可以展現出為什麼工作相同且收入相同的兩個人，生活中取得的成就會如此截然不同；其中一個人擁有

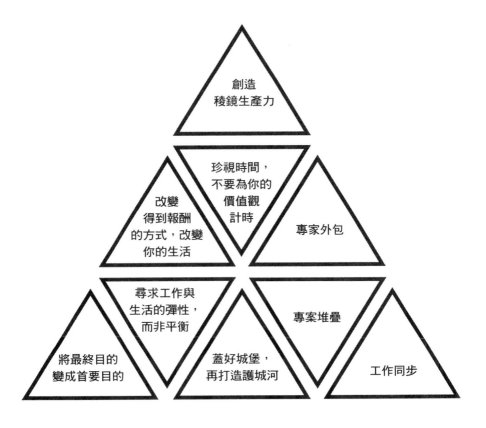

的自由時間很少，或是甚至完全沒有自由時間，另外一人則擁有全世界的時間。

超越目標、習慣與優勢

那麼，為什麼工作基本上相同的兩個人會有如此不同的個人生活呢？他們是透過三種方式**刻意**這麼做：

- **優先**：要優先考量專注的目標，而不是進行時間管理，好事才會發生。
- **實踐**：從分散注意力轉向展開行動。
- **報酬**：不要把夢想變成工作，夢想的作用是為了讓你自由。

為了**翻轉**時間，你必須從價值觀的中心開始努力，並且根據最終目的來做出決定，這個最終目的也就是超目標（meta-goal）。接著，反時間管理的方法理論將會引導你走過一連串流程，讓你優先考量想要成為的樣子、實踐能夠為優先考量事項解放時間的方法，並且讓你改變獲得報酬的方式，以維持遵循時間翻轉的生活方式。

反時間管理的原則將告訴你，如何藉由找到機會以微小的動作實現大量的成果，來將工作變得「不對稱」；我將

這種微小的動作稱為「不對稱的改變」。

就像稜鏡一樣，你將學到如何將光線集中在生活與工作的一側，以便在另一側創造出如同閃光燈般耀眼、巨大的可能性。**透過專案堆疊、工作同步與專家外包**，就能落實這套方法理論；這三項原則將告訴你如何打造自己的生態系統來擴增時間，並且藉著精簡工作流程的結構與安排，再挪出更多時間來實現抱負，而且今天就可以開始。

從歷史的角度來看，工作會因為我們住在哪裡而受限，也必須配合我們會在什麼時候花時間追求特定事物與活動，例如花時間在家人、旅遊與嗜好上。在過去，由於傳統類型的工作比較多，我們必須打卡，並且在特定的時段、特定的地點上班。不過，現今的工作地點與時間的彈性比以往的工作還要多很多。

你獲得報酬的方式（報酬多寡不重要）會形成一種連結關係，不僅約束你的時間，還會和你的時間漸趨同步，無論結果是好是壞。

舉例來說，有兩個人必須產出相同的結果來獲取報酬，但他們的工作要求完全不同。好比其中一人可能必須朝九晚五坐在辦公桌前，另一個人則是可以彈性的透過手機，在世界上任何一個地方工作。

身為員工，當你改變獲得報酬的「方式」，可能代表要重新談判在什麼時候、在哪裡、要如何獲得工作成果；還是

應該找一份新工作；或是得改變運用「下班時間」的方式。

　　獲得報酬的「方式」會決定你的生活品質，也決定你有多少時間可以享受。如果你有孩子，你的工作方式將決定你是否有機會指導他們的球隊、參加他們的獨奏會、在晚上哄他們入睡……或者根本沒有機會。

　　而且老實說，你的工作有什麼意義？

　　你為什麼要工作？偉大的工作能帶來經濟上的獎勵、成就感與身分認同，但是在維持現狀之外，大多數人並不是為了工作而工作，我們是為了別的原因而工作。你是為了什麼而工作？如果你能夠安排你的工作，讓工作不斷支持你去做其他的事情，狀況會有什麼不同？

　　到頭來，如果你原本希望晚一點再做的事情，其實一開始就可以率先完成，狀況會有什麼不同？

・・・・・・・・・・・・・・・・・・・・・・・・・・・・・・・・・・・・・

如果你珍視自己的時間，

你的生活就會符合你的價值觀。

・・・・・・・・・・・・・・・・・・・・・・・・・・・・・・・・・・・・・

　　時間翻轉者懂得採行策略，來優先考量自己的價值觀。時間翻轉者知道財富是相對的，也知道關鍵在於安排工作慣例與收入來源，以符合自己的目標。

　　永續的時間翻轉意味著你這一生可以反覆的從你付出

的努力當中獲得好處。

建立創造時間的專案

　　問問自己，如果你的目標是「擁有更多時間」，為什麼不從創造時間（而非花費時間）的過程（或專案）開始著手？

　　要挪出更多時間並非難以捉摸、超前未來的夢想，而是任何人從一開始就可以辦到、甚至操控的事。我親身經歷過也見證過，你也同樣可以辦到。當你以不同的方式思考你解決的問題，並且同時將創造時間納入考量，就能夠擁有更多時間。時間翻轉的方法可以教你將注意力放在優先考量事項上，並且啟動這些事項。

　　反時間管理的原則可以應用在任何階層的工作、合作或個人專案上。

　　下列幾個例子都是曾經和我合作的時間翻轉者，他們運用這種框架改變自己的生活：

● 一名建築業人員不想再繼續做工，因為他的妻子罹患多發性硬化症。現在他們夫妻正和孩子一起環遊世界（他的妻子一邊對抗多發性硬化症）；他則教導承包商如何雇用與開發零售商家，收入是以前的五倍。

● 一位被委任工作耽誤的影像攝影師，根據自己的價

值觀來增添一項新服務，也就是販售相關的實體商品，如今已經賺進數百萬美元。她既可環遊世界，還能養育小孩，而且擁有比以前更多時間。

- 在一間正在成長發展的公司裡有一位高階主管，經常得不斷介入部屬的工作並拿回來自己做，這不僅耗盡他的時間與健康，他的家庭關係也在過程中變得緊繃。當他學會利用自由接案者這項資源後，如今得以和眾多人才合作，而且他原本完全不知道這些人才的存在。此外，他將公司業務拓展至全世界，還重拾自己的時間、健康與個人生活。

- 一位夢想發明並銷售實體商品的Podcast錄製者，對於應該從哪裡著手毫無頭緒。他找我一起開發構想，和我的公司合作製造商品，並且透過預售進行群眾募資，來為商品籌措資金。如今，他的商品銷售到全世界，在家裡就可以賺進數百萬美元，營運與物流事務全部外包出去，不會消耗他的時間。

- 一位擁有多間診所的牙醫，沒有時間享受夢想中的個人生活，現在改為虛擬診察，因此得以解放時間、環遊世界，還能教導其他牙醫重拾人生。

- 一名員工改變她在辦公室裡的優先考量事項，進而增加彈性時間、生產力與賺錢的機會，不需要放慢腳步或失去注意力。

這些時間翻轉者，以及許多像他們一樣的人，都是透過某些方法重新打造事業，並且讓自己每一天的日常生活變成特殊的契機……因為事實就是這樣！

當然，這些例子只是個案，然而他們也代表著其他來自不同背景、努力在生活中以微小轉變創造出偉大成果的人。儘管每個人的情況都獨一無二，但是向那些在自身領域發揮影響力並成功辦到這件事的人學習，可以幫助你以創意性的思考，在你的世界裡也辦到同樣的事。即使你現在還無法看透一切，也不要忽略這個機會。

成長和悲傷一樣，就像一條長長的隧道，而不是一個洞穴。

在現今這個全球化、彼此相連的世界中，也許這是從來不曾有過的最好機會，可以策略性的安排你的生活與工作，並且完全由你決定。

時間翻轉者會創造出龐大的價值、解放大量的時間，因此他們可以將時間用在許多事物上，或者奉獻時間給人生中最想要做的事情。

掌握你的時間，掌握你的生活

要取回時間與選擇權，根本不需要等錢到手才能行動。娜塔莉和我剛結婚的頭幾年，我們必須靠撿拾、回收空

罐頭才能維持生活。我們決定等三個月之後再買沙發，因為我們覺得沒錢買機票比坐在地板上更令人難受。

　　無論我兼差洗碗或晚上兼差當管理員倒垃圾，還是娜塔莉接攝影工作貼補家用，我們都盡了最大的努力把我們認為最重要的事情放在生活的中心，無論我們的收入有多少。

　　我是創業家，而且因為個人經歷影響，我一生的工作都圍繞著創立事業以及協助其他創業家，讓他們在時間與金錢允許的情況下開創能產生報酬的事業。我有幸能與財星500大公司合作，利用時間翻轉、創造力與變革來實現「愚蠢」的結果，*協助個人化的系統更加人性化，進而提高生產力、讓事業發展更蓬勃。我創辦許多間公司來簡化流程，幫助人們拿回原有的自主權，度過一個享有額外成長空間的人生。

　　無論製造商品或提供服務，我的工作都是圍繞著創造自主權、時間自由以及幫助別人做到同樣的事，這也促使我寫下這本書。當我試著向陌生人解釋「無論興建小型房屋或大規模生產瑜珈褲對我而言都一樣」時，你應該看看他們臉上的表情。如果你的目標是在不犧牲金錢的情況下創造出可以自由運用的時間，執行工作的方式自然就會不一樣。

　　舉例來說，時間翻轉為我們家提供的自由，已經幫助

＊　編注：指的是作者前作《開始做蠢事的力量》中提到的「蠢事」，書中提
　　出聰明的人都善於用聰明的方法去做眾人認為的蠢事，他們才是真正能取
　　得成功、發揮創造力、獲得成就感，並進而改變世界的人。

我們以更符合我們價值觀的方式過生活。我們進行總共為期六個月的「旅遊教育」，橫跨國土從美國東岸的紐約到西岸的聖地牙哥，再跨越國境從美國南邊的墨西哥到美國北邊的加拿大，而且旅途中沒有刻意計畫晚上要住在哪裡，也不預設要停留多久。我們還曾經到歐洲旅行長達好幾個月。如果你們看見我們在尼加拉瓜參加人道主義活動、在日本大阪唱卡拉OK、在義大利五漁村（Cinque Terre）色彩繽紛的房子前曬衣服、在中國探索萬里長城、在聖托里尼（Santorini）釣魚，或者在蘇格蘭尋找《哈利波特》（Harry Potter）電影的拍攝地點，千萬不要覺得奇怪。只要我們想要，每一趟「假期」都可以持續好幾個月。

這些旅程中所花費的金錢，都是在旅途中賺來的。我們原本在家裡工作才能賺到的錢，結果在旅途中就賺到了，而且直接花在旅程上。雖然你不必這樣過生活，但如果你願意，你也可以做得到。

時間翻轉可以幫助你以夢想為中安排自己的生活，不必永無止盡的朝向夢想努力，這套方法還可以讓你賺取報酬，用來支持你以理想的方式生活。假如你可以在任何地方都賺到錢，你想去哪裡？

問題是，即便是有錢人，也很難外出度假旅行。在選擇要讓哪些事物約束自己時，有多少自由可以擠出時間是影響因素之一。

舉例來說，我的公司提供實體商品、數位商品以及禮賓等級的服務，儘管是在傳統產業工作，但是我以非傳統的方式經營，刻意打造一種時間自由的工作環境與文化。我的事業五花八門，像是PROUDUCT公司生產數百種獨特商品，提供全球創業解決方案，並且透過全方位外包服務、產品策略提案、端對端供應鏈等，協助企業從發想創意到產品生產上市；我還為創作者提供國際化的影音編輯服務；此外，我也擔任教練、顧問、開設線上課程、演講、混成學習*、模組化教育課程（自主學習課程、策畫主持、Podcast、文章撰寫、主題演說、訪談、書籍編寫、擔任導師、大學講座）等。無論我身在國內或國外，都可以一邊用手機完成工作，一邊和家人一起旅遊，這就是我選擇並堅持的正向約束條件，以便讓生活保持機動性。

我是運用各位即將在本書學到的原則來<u>翻轉</u>時間。

雖然我的行動路徑和你的行動路徑並不相同，而且這也不是互相比較優劣的遊戲。和大家分享做哪些事有用、哪些事沒有用，並且幫助所有人一起往前邁進，對我而言是在付出一種極為美妙的愛。我希望各位也可以分享對你有用的經歷，你可以和我分享，以及和周遭受你影響的人們分享。

---

* 　編注：混成學習（blending learning）又稱為混合學習（hybrid learning）目前還沒有公認的標準或定義，但是目標在於同時結合遠距教學、線上教學與實體教學的情況下，確保學生學習進度不中斷，並得到連貫的學習體驗。

你可以同時選擇意義與金錢。

每當我到世界各地參觀工廠（那些工廠生產的商品此刻可能正擺在你的家中），會發現產品生產過程中人性化的一面，以及遠距工作非人性化的一面，但也會發現到，人們在對雇主負責的同時，也能掌控自己的生活。

- -

很多方法都可以提高生產力，
但是只有一種方法適合你。關照自己、
參與執行優先考量事項是很個人的行動，
請成為這方面的專家。

- -

從分心轉向展開行動

你得熟悉以下四件事，幫助自己落實本書指導的內容：

1. 這本書屬於你，關係到你的時間、人生、決定，讓你依照自己的節奏創造更多空間。
2. 請把本書當成工具箱，並依據你面對的情況，找出最適合的工具。
3. 這不是討論時間管理的書，你很快就會明白為什麼。
4. 當你馬上應用本書的內容，就可以對你的時間產

生複合效應，創造出唾手可得的空間，運用在更多令人嚮往的可能性上，成果會比你最初的預想更好。

我教導時間翻轉原則，是希望人們可以將他們剛找到的自由時間，和摯愛的人一起運用在喜歡的事物上。有時候確實能夠達成這樣的結果，但是有時候我也發現到，人們會把他們剛找到的自由時間用來做更多工作。無論如何，如果這麼做對你而言有價值，那就值得了。

●●

反時間管理的寓意，

就是你可以完成自己喜歡的工作，

而且不需要犧牲去做喜歡的工作的時間。

●●

自由就是知道自己可以在想要工作時才工作，而且如果願意繼續工作才繼續，不必勉強。當你可以花時間做自己想做、喜愛做的事情時，誰還能說這些是工作，或者不算是工作呢？

時間翻轉框架是設計用來幫助你做出更好的決策，更準確的和創造自主權的目標保持一致，並且從一開始就設定好這樣的環境。你會發現如何學會像時間翻轉創業家一樣思

考，具備時間創造力與時間創新力，並克服時間干擾，創造時間對話與時間行動，以激發出職場與個人生活目標的創新解答。

反時間管理可以幫你達成下列目標：

- 讓你現在就找到做事的方法，打造想要的未來，無須淪為大環境的受害者。
- 透過創造空間去支撐創造力，以便填補知識空白、創造收益，最終拓展你的解決問題與領導力技能。
- 讓你更富有創新力與革新力，挑戰長久以來的極限與限制。
- 在工作中、家庭裡與個人身上創造並激發具有意義的生活，同時也為別人創造深刻且廣泛的正面影響。
- 擺脫自我毀滅的模式，創造自我建構的模式，並根據你渴望展現的自我樣貌，重新塑造你的生活與工作。
- 改變你思考、處理與分享重要議題資訊的方式，有效率的創造出你想要的結果。
- 取回你的時間、提升你的生活與能力，來貢獻與服務他人。

從分心轉向展開行動是一種可以習得的技能，能夠幫助你改變思維。

歡迎前往 RichieNorton.com/Time
索取免費的時間翻轉工具箱。

反時間管理

為什麼要反時間管理？

時間管理是一種誘人的承諾。

這個詞彙聽起來像是如果你運用時間管理的原則，就會擁有更多的時間。不過……事實根本相反。

為什麼時間管理後，你的時間反而變少？

管理這個詞在字典裡的字面意義是「控制」；而時間管理則代表「時間控制」。然而誰的時間被控制、由誰來控制，以及什麼時候控制，對於<u>時間翻轉者</u>而言十分重要。時間管理並不代表你能控制自己的時間，因為時間管理通常意味著你的時間由別人來控制。

**時間管理意味著
你無法控制自己的時間。**

讓我解釋清楚。

時間管理和控制自己的時間毫無關聯。

就是這樣。

由工業刻意設計出來的時間管理，是為了讓職場經理人可以控制你和你的時間，包括你做什麼事情、在什麼地方做，以及什麼時候做。

歡迎來到這個倉鼠滾輪般的工作。

事實上，你的休假時間、工作時數、休息時數、什麼時候退休（或者不能退休），以及你在哪裡、什麼時間做你的工作，就連你在家工作，都是經過仔細計算的時間管理元素（而且通常會受到職稱階層高低、工作內容、獎金制度、每月最佳員工獎勵等機制影響而強化）。

時間管理的品牌響亮，但是有愧於它的承諾。

人們雖然以專業的時間管理工具來管理私人時間，結果卻有更多工作要做、更少時間可用，這不是很神奇嗎？

你的待辦事項清單
不需要和應該完成的事項完全相同。

在傳統的時間管理下，個人的生產力對於職場的生產

力是有害的。

　　因為這意味著在時間管理下，如果你創造出更多可以使用的時間，就會有更多工作要完成！最重要的是，時間管理者已經透過設計來確保這種狀態持續下去；於是，時間管理產生反效果，阻礙高生產力。

「完成工作」的悖論：
完成的任務愈多，就有愈多工作交給你完成。

　　傳統的生產力管理是交給勞工更多工作，卻不會額外支付工資。超出標準的工作能力在管理階層與勞工階層之間會產生一種效率拉鋸戰：經理人會測試勞工，看他們在薪資多低的情況下依然能夠完成工作；勞工也會測試經理人，看自己工作拖延多久才會遭到解僱。

　　實際上大約只需要一個小時就能完成的工作，可能會被有效的切割成好幾個小部分，分散到一整天、一週、一個月，甚至一整年才終於完成，而且還需要更多經理人來監督勞工的每一個步驟。

　　效率指標甚至可以在完全沒有生產量的情況下顯示出生產力有所提升。

　　反時間管理將以不同的角度看待事物。

　　生產力（效率）與生產量（價值轉換）不一定相等。

當你停止將精力虛耗在無關緊要的事情上時，棘手的效率拉鋸戰就會消失，你可以迅速處理問題、完成任務。

傳統的時間管理只能達成以往設計的目的。

當美德變成惡習之後，就不再是美德。

時間管理已經變成一種惡習。

··

時間管理是爭取自主權與工作意義的痛苦道路，

因為時間管理這項工具的原先設計

並不是要讓你達成這些結果。

··

所有的管理都是時間管理

製造業所謂的時間管理怎麼會變成自助領域的主流用語？這至今仍然是一個謎。當然，除非業界早就意識到，如果員工更善於管理週末的時間，以提升上班時間的產能，就能夠提高工作效率。你有沒有突然靈光一閃呢？

反時間管理卻可以幫助你拿回時間，讓你在生活當中擁有更好的選擇（與責任）。

時間管理	反時間管理
別人控制你的時間	你控制自己的時間

你做的選擇，比任何人或系統都更能控制你的時間。

•••

你的選擇所形成的結果

會讓你可以運用的時間倍增或銳減。

•••

我要說的是，為了擁有自己的時間而對別人負起責任並沒有錯。共同努力是獲得優異成果的關鍵。在你的職涯中和雇主、客戶或委託人可靠的合作，能夠為你帶來很大的好處與快樂，而且應該要如此。為了獲得更大的自主權，你在工作與家庭生活上做決定時，關鍵就是記住自己同意接納的一切都是出於選擇，當中也包括隨之而來的後果。畢竟，不在計畫內的後果相當討人厭。

當結果被視為選擇時，你就會擁有更強大的心智透過不同的選擇來改變自己的處境，甚至採取先發制人的行動。

掌控你花費的工作時間是選擇，而不是結果。

不要扮演工作上的受害者。

努力工作是一種快感。

當你在工作中得到快感時，

不要忘記你追求的目標到底是什麼。

　　正如我的導師史蒂芬・柯維（Stephen Covey）所言：「當我們拿起棍子的一端，也就拿起了另外一端。毫無疑問，我們在人生中都有過同樣的經驗，在撿起棍子後才發現自己拿錯棍子。」當你做出選擇，也就選擇它所帶來的後果。

　　在你做出決定之前，應該要思考一下這個選擇可能帶來的時間後果。事實上，在反時間管理中，當你主動做出選擇，就能夠積極釋放現在與未來的時間。

時間管理	反時間管理
別人控制你的時間	你控制自己的時間
別人占用你的時間	你創造自己的時間

　　時間管理會占用空間，反時間管理則可以創造空間。

　　請想像一下你的行事曆。

　　當傳統的時間管理表現在行事曆上，就像一天當中的每一個小時都經過精心策畫，看起來充實又極度忙碌，沒有空間可以留給其他事物，也沒有自發性、創造性，甚至不可能因應危機（但願不會發生），除非經過計畫安排。

　　另一方面，反時間管理看起來則像是開放的行事曆，因為一切都已經在掌握當中。

　　在時間管理下，最諷刺的是你每天結束之前依然會聽見自己熟悉的哀號：「我好忙，可是我依然覺得自己什麼事

情都沒做完。」

　　然而，採用反時間管理時，你可能會覺得自己的工作效率高得出奇，而且一整天過得輕鬆無比，甚至非常悠閒。你可能會聽見自己說：「我覺得自己好懶散喔。」即使你已經完成當天的重要事項，依然還有喘口氣的餘裕。

　　當然，如果你喜歡安排行事曆，反時間管理的行事曆也可以讓你理想的一天過得充實，你會喜歡這樣的做法，並且填滿行事曆的每一秒。

時間管理	反時間管理
別人控制你的時間	你控制自己的時間
別人占用你的時間	你創造自己的時間
別人占用你的空間	你創造自己的空間

　　有時候，空白的行事曆最有價值；有時候，重點不在於填滿行事曆，而是讓它空著。滿滿的行事曆通常代表空虛的人生。

　　總而言之，反時間管理就是你能擁有自己的選擇權。

　　為選擇而戰，這是恆久不變的真理。

　　擁有選擇的自由，就是擁有時間的自由。不是一向如此嗎？自由不多半就是你選擇如何運用時間的能力，以及不讓別人從你手上奪走時間的能力嗎？

時間管理	反時間管理
別人控制你的時間	你控制自己的時間
別人占用你的時間	你創造自己的時間
別人占用你的空間	你創造自己的空間
別人搶走你的選擇權	你擁有自己的選擇權

你如何運用時間

比你擁有多少時間更重要。

取回你的時間，徹底改變結果

時間翻轉很容易學習與應用，小小的改變就會產生大大的不同。如果你想要錢，就去賣東西；如果你想去度假，就起身行動；如果你想創作藝術，就動手去做。這才是負責任的做法。

你應該這樣做⋯⋯。

時間翻轉告訴你降低風險、停止等待，以及開始過生活的方法。時間翻轉者會根據他們的目的建立起可靠的流

程，並且學習將夢想融入日常生活；他們和不斷小心翼翼走向目標卻未曾真正實現目標的人完全不同。我們可以學習、分享、實踐時間翻轉，藉此充分利用時間，並且創造空間來改變想法或改變方向，也不會有任何壓力。

　　這本書的目標在於，透過提升時間管理上的注意力，在明智的時機採用和目標一致的改變，以整合未來100年工作與生活的相關原則。

　　時間翻轉適合渴望航向有意義、高生產力工作環境的領導者、經理人、創業家與自由接案者。但是，不只有他們能運用這套方法。時間翻轉也適合工作團隊、獲利能力與成長策略皆來自遠距工作人員的公司或企業。

　　你可能會認為公司或企業不喜歡這本書裡揭露的反時間管理資訊；但諷刺的是，採用這些反時間管理原則可以幫助組織吸引領導人才，並且留住懷抱目的而工作、理解資料數據，還能獲得預期成果的創意人才，無論這些人才來自哪裡，或是住在哪裡。

　　時間翻轉適合全天候工作的新時代工作者，他們身處的現實工作環境不再受到地理距離的限制。時間翻轉也適合想要有更多時間共度時光的家庭，以及努力實踐遠大抱負的每一個人。

• •

時間也許是人類歷史上
被管理、控制、激勵與遊戲化程度最高的資源。

• •

商業大致上可以說是一種社會實驗，能夠透過改變時間管理與創造價值的方式，來理解怎麼做才能增加想要的成果。不過，如今我們不需要瞎猜，因為結果非常精確，尤其在網路上。有一個詞彙就是用來描述這個現象：遊戲化（gamification）；而且這樣做不見得是壞事。

參加遊戲是一回事，完全不知道自己周遭正在玩遊戲又是另外一回事。別人可以把你的時間遊戲化，你也可以把自己的時間遊戲化。時間翻轉可以確認你的內在動機，幫助你體驗外在的獎勵。

• •

許多人沒有你擁有的機會。
你的構想、專案、工作與時間
可以深刻且廣泛的拓展你的影響力，
為他人創造突破性的機會。

• •

你會如何將專注的目標排序？

遙控時間

如果人類可以長生不死：

請試著想像一下，發明輪子的穴居人認為子孫很懶惰、為所欲為，因為他們騎腳踏車移動。

請試著想像一下，自己生火煮飯的穴居人認為子孫很偷懶，因為他們使用烤箱來料理食物。

現在再想像一下，有個孩子被父親要求從沙發上起身，去轉動電視機上的旋鈕來切換頻道。

然後想像一下，這個孩子長大成人，也成為一名父親。

現在想像一下，這名父親手裡拿著電視遙控器。

他叫孩子從沙發上起身，走到電視機前切換頻道。

他的兒子說：「可是，爸爸，你手裡拿著遙控器，只要按按鈕就可以轉台。」

這位父親看著兒子，不但沒有說「謝謝」然後自己轉台，反而放下遙控器，教訓兒子不應該回嘴，還大談勤奮工作的價值，並且痛罵他一頓之後強迫他起身去轉動電視機上的旋鈕。

對這個兒子來說唯一的問題是……電視機上早就沒有旋鈕了。電視機是用搖控的。

這就是我們現今在工作上面對的爭鬥：有些人明明持有「遙控器」，但就是不想學習使用方法，而且這些人和使用遙控科技的人一起執行專案，卻指責他們偷懶。

如果可以長生不死，
當我們看著這個世界的科技逐漸改變，
會不會也改變做事的方法、想法，以及身分認同？

無論你是否改變自己的思維與工作方式，周遭的世界一直都在改變。這個新世界既提供你一直想要的機會，也提供你從未想像過、更美好的機會。你可以創造自己的世界。

把你的時間花在夢想上。

請容我強調一件事：機器可以做的事情，都將由機器完成，你的任務是完成機器無法做到的事，也就是讓人類的工作更專屬於人類。就如同你今天選擇把時間花在工作上，而不是用手洗衣服（我曾居住過的某些國家還是有人手洗衣服），未來的工作會讓你妥善運用時間，把時間花在機器無法完成的工作上。

現在是由科技提供工作新規則與新工具的時代。

當全世界所有的知識都可以立即取得，但你卻不知道自己需要什麼資訊，那麼知識工作〔knowledge work，彼得・杜拉克（Peter Drucker）於1959年創造的詞彙！〕還有什麼用處？

當知識無所不在的存在於雲端時，就像時間一樣無所不在，個人如何運用知識的責任就十分重大。

你能夠接觸到的知識量遠遠超過以前任何一個世代；類似的情況以前也曾經發生在這個世界上，當時印刷技術的發明由上而下瓦解了權力結構。這是好事，而且被稱為透明、信任、自由與獨立，但前提是你必須先學會閱讀。

自動化並不代表你會自動擁有自主權。

這個世界的所有時間，只有在你專心關注它而不是揮霍浪費它的時候，時間才會對你有意義。

· ·

停止管理時間，開始創造意義。

· ·

遙遠的過去與久遠的未來就像鐃鈸有節奏的彼此敲擊，保持現今當下的意義不走調。

現在就是最佳時機。

你天生就會把過去與未來弄混。

但是時間的天平想要傾向對你有利的一方。

好戲即將開始。

問問自己下列六個基本問題

為了幫助你**翻轉時間**，我直接引用並改寫匿名戒酒會（Alcoholics Anonymous）的這些問題。（我的用意應該無需贅言。）

使用說明：請回答「是」或「否」。

1. 你是否曾經嘗試以更好的方式管理或「平衡」你的時間，但是成效不彰？

是／否

2. 你是否曾經羨慕那些時間運用得比你更自由的人？

是／否

3. 你的時間管理能力（或是不善時間管理的問題）是否造成家庭生活的困擾？

是／否

4. 你是否曾經告訴自己可以隨時停止工作，即便你已經違背自己的預期而繼續工作？

是／否

5. 你是否曾經將某項習慣或專案切換成另外一項習慣或專案，希望讓自己變得更有效率、效能更高或是更成功？

是／否

6. 你是否曾經覺得自己忙了一整天卻什麼事都沒做完？

是／否

如果上述任何一個問題你回答了「是」……

你並不孤單！

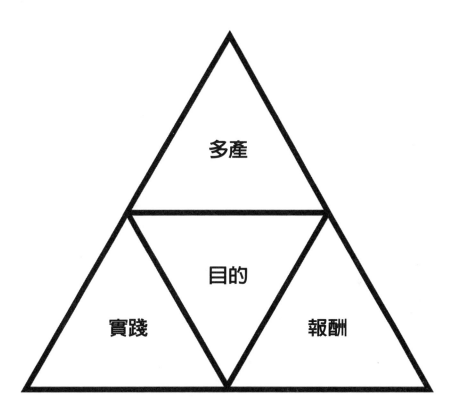

第 1 部
目的

‧‧‧‧‧‧‧‧‧‧‧‧‧‧‧‧‧‧‧‧‧‧‧‧‧‧‧

別再管理時間
開始優先考量專注目標

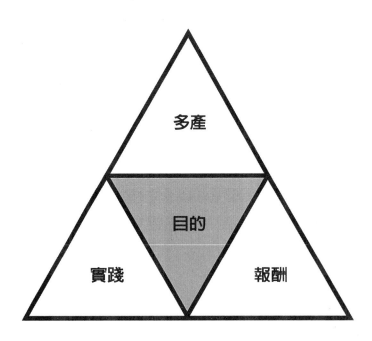

別再管理時間，開始優先考量專注目標。

將最終目的

變成首要目的。

01

將最終目的變成首要目的

如何選擇要做什麼，以及什麼時候做

最重要的是，我們天生就有謙卑的心態
可以理解如果要改變世界、保持創新，
有賴於先改變自己。

—— 惠特妮・詹森（Whitney Johnson）

暢銷書《破壞自己》（*Distupt Yourself*）作者

西拉（Sirah）小時候大部分的時間都在街頭度過，她無家可歸、廝混幫派、酒精與藥物成癮、慘遭虐待。「我小時候和一個巫醫同住，我們會把小動物當成祭品，圍繞著牠念咒祈福，然後花一個月左右的時間吃掉祭品。我因此學到一些不錯的技能，可是也發生很多奇怪的事，我多次遭到性虐待，大部分時間都被忽視。」她告訴我，她在成長過程中曾經遭人綁架、性侵，甚至棄置等死，次數多到她記不清楚。

時間與環境從來都不是西拉的朋友。

「我小學四年級就輟學了，」她說。「我必須賣掉任天堂遊戲機，籌錢讓父親施打海洛因……我被遺棄很長一段時間。」她的父親在她小時候就因為藥物過量而死亡。

「前幾天我正好在整理以前學校寄來的成績單，」她告訴我。她的小學老師在成績單上寫著：「西拉不知道如何和其他孩子溝通。」「西拉表現出缺乏關愛的跡象。」「西拉因此受到霸凌。」

西拉的人生失控脫軌，直到某天她做了一件事才改變命運。

傾聽這個聲音

「我在17歲的時候突然覺醒。當時腦子裡有個聲音，我還以為自己罹患精神分裂症。那個聲音說：『妳不應該這樣過日子，這不是妳的人生，你還有選擇。妳應該成為饒舌歌手。』於是我打電話給家人，告訴他們：『嘿，大家，我很確定自己精神分裂了，但是我決定傾聽這個聲音，試著去做做看。』

因此，我戒酒，也擺脫毒品，然後去做這個聲音要我做的事。」

西拉來到「強風計畫」（Project Blowed）；這是位於洛

杉磯中南部的一個嘻哈音樂業餘表演場地。西拉每週四都去。起初她只在台下觀賞，後來也開始上台表演。她的饒舌表演很糟糕。

西拉意志堅定。她成為自己應該成為的人，而且儘管她對於饒舌歌手一無所知，不過她去了一個可以讓她成為饒舌歌手的地方。然後，她每週四都被觀眾噓下台。

西拉向我解釋：

> 我是唯一的女孩子，也是唯一的白人。我看起來不太正常，而且，坦白說，現在看來我確實是異類。我每週都即興饒舌，而且總是被觀眾噓下台，因為我表現得很糟。我的意思是，我爛到爆，但還是一直這樣做。所以那些被稱為即興夥伴（Freestyle Fellowship）的資深饒舌歌手就對我說：「妳瘋了嗎？妳只是一個小女孩，還是白人。為什麼要繼續上台呢？妳表現得糟糕透頂。」我很愛他們，因為他們改變我的人生。每次我都這樣回答他們：「因為我應該繼續堅持下去。」為了保護自己，他們終於來找我，然後說：「好吧，我們想，應該來教妳饒舌，不然我們每週都必須忍受妳的表演，再看妳被噓下台。」於是他們教我如何饒舌。

同時，他們也教會西拉從小到大沒能學到的生活技能。

某天晚上，西拉受邀參加一場派對，認識一個專門舉辦表演活動的人。那個人說要幫助西拉上台表演，她因此獲得第一次正式登台的機會。

西拉說：「那場表演讓我獲得下一次上台的機會，然後又拿到另一次上台的機會，最後變成巡迴演出，然後我收到一則簡訊……有一個叫作桑尼（Sonny）*的傢伙想要和我合作……我們碰面之後他甚至收留我，因為我當時沒有地方住。我們開始用一台破破爛爛的筆記型電腦錄音，那些歌曲後來變成史奇雷克斯（Skrillex）的第一首歌〈週末〉（Weekends），另外我們還錄了〈混亂〉（Bangarang）與〈京都〉（Kyoto）等歌曲。我們住在一個像閣樓的地方，一群人開始做音樂。」西拉與史奇雷克斯（桑尼）最終以〈混亂〉贏得葛萊美獎。

這就是西拉從無家可歸到贏得葛萊美獎的經過。

當西拉拿到葛萊美獎時，她說：「各位，這就是葛萊美獎，實在太瘋狂了。我真的滿心感激。我們開始做音樂的時候，還住在市中心的閣樓裡，後來搬到洛杉磯東部、天花板破洞的車庫。這座獎超越了我最瘋狂的夢想，我甚至不敢相

---

*　譯注：桑尼・約翰・摩爾（Sonny John Moore）是美國DJ，藝名為史奇雷克斯（Skrillex）。

信這是真的。但我十分感激，我是因為音樂才能活下來，而且我活著就是為了創作音樂。所以，非常謝謝你們。感謝我的家人。這座獎是獻給你的，爸爸。非常感謝大家！」

在西拉的成長過程中，她沒有任何機會學習如何改變行為、設定目標，或是在舞台上表演。當她露宿街頭時，更沒有人送她去上音樂課。她也不知道應該找個經紀人，畢竟她連吃飯或住宿的錢都拿不出來，更不用說要宣傳自己的表演。她永遠都沒有足夠的資源。她要達成的目標也不可能放在隔年夏天的音樂夏令營。她當時沒有十年計畫，因為到時候她可能已經不在人世了。現在不做，就永遠沒有機會。

選擇你的回應，選擇你的未來

西拉的經歷可以教導人們許多關於人生與時間、奮鬥與成功、個性與勇氣的經驗。

西拉告訴我：

- 我可以選擇我的過去代表什麼。
- 我可以選擇我的過去對創造未來有什麼意義。
- 我們可以選擇要如何回應一切。
- 你的回應將在周遭創造出能量。
- ……這也創造出真正屬於我的地方。

她又繼續說道：

過去六個月，我被搶劫很多次。車子上週還被偷
走……可是，你知道我在成長過程經歷哪些事，
那些都不是我的選擇，只是發生在我身上的事。

　　最酷的是，我可以選擇如何理解並認知發生
在我身上的事。我花了很多時間當一名受害者，
然而最讓我感覺到自信自立的事，是我可以選擇
我的過去代表什麼意義。以及，我可以選擇我的
過去對於創造我的未來具有什麼意義。在整個過
程中，我唯一擁有的選擇是：好吧，妳遭受某種
程度的粗暴性虐待、操控與心理折磨。

　　妳可以成為一筆統計數據……或者妳也可以
挺過去並且成為倖存者。妳可以成為先驅，可以
成為思想領袖。妳可以成為有遠見的人，妳可以
的，妳也知道，任何大小事都是我們的選擇。因
此，每當事情發生時，雖然有時候我們對這些事
情的發生毫無選擇，但我們確實可以選擇如何回
應……你的回應將在周遭創造出能量。我發現自
己對事物的回應，將會創造出環繞在這個事物周
遭的能量，並且開創出一條道路，通往真正屬於
我的地方。

你的回應、你的能量,都由你自己掌控。

你的時間也是如此。

翻轉時間的天平

完成你想做的事、成為你想要的樣子,並且協助他人達成相同的目標,都可以為你帶來無與倫比、極大的喜悅。如同你的能量造成的影響,你對外在世界的回應也能創造或耗費你的時間,成就你的地位、打造你的身分,以及塑造你想要成為的樣貌!

要改變人生方向,或是讓人生方向更明確,可以透過身分認同與時間、能量與行動這兩種不同方式來有效達成:

1. 決定你想成為什麼樣的人。
2. 立刻根據這種身分認同展開行動。

身分認同與時間:西拉決定「現在」就要成為饒舌歌手。

能量與行動:西拉從第一天起「馬上」具體表現出全新的身分認同。

請思考在達成目標時發生的時間軸轉變,藉著下列兩句陳述,讓自己變成最好的自己、度過最理想的生活方式:

1.　我想成為藝術家。
2.　我是藝術家。

　　第一句陳述將「目標」放在未知的時間軸尾端；第二句陳述則是將「目標」直接放在你做的每一件事情的中心，也就是消除目標，讓生活的選擇變成現在這一刻的延伸。表現出「我想成為」或「我是」是兩種完全不同的生活（生活風格、感受、經驗），兩種截然不同的人生。

　　「我想」或「我是」是選擇，不是目的地。

　　西拉並非一開始就是成功的音樂藝術家，但她有勇氣踏上舞台；在傳統的表演準備過程中，這通常是最後一個步驟。西拉成為她還沒準備好要成為的人，這樣的行動改變了她的心態、行為、環境，也改變她運用時間的方式。在這種全新建立的狀態下，西拉把自己放進一個具有優良適應能力的生態系統中心，再加上導師與其他資源的協助，便成為一個創造最大機會的搖籃。

　　當西拉將思維轉移到「我是」的時候，需要耗費多年才能爬完的成功階梯，就在轉瞬之間消失無蹤。

　　通往實現夢想的另一條道路，當然看起來或許像是對著結構完善、一個個閃閃發亮的球門許願，但是你永遠無法對準球門；這既充滿希望，又令人永無止盡的在絕望中等待。

　　傳統的目標設定可能會威懾西拉，然而她的身分認同

讓她從分心轉向展開行動，再到產生牽引力（traction）。任何一個已經設定目標但是尚未實現目標的人，都可以像西拉一樣這麼做。

西拉透過亞里斯多德（Aristotle）所說的「目的因」（Final Cause，意思就是「最終目的」）取得對時間與生活的掌控。所謂的目的因（最終目的），就是我們去做某件事的理由。

如果你今天遇見西拉，你會發現她忙著幫助無家可歸的青少年克服嚴峻的現實環境、擔任名人的教練讓他們戒除成癮問題、幫助人們療癒心靈與精神，並且努力創造人們彼此協力合作的社區、環境與活動來改善世界。當然，她也繼續創作音樂。

對西拉而言，一切都來自音樂。

從亞里斯多德的四因說學習

這個世界是被還沒有準備好的人所改變。

事實證明，有些成功故事的主角在成為理想中的樣貌之前，從來沒有付諸努力，也沒有設身處地為他人著想。所以我們學到的大多數成功步驟，都是來自從未採行那些步驟的人。

亞里斯多德提出一個稱為「四因說」（Four Causes）的

理論，來回答自然界的問題，並且解答事物存在的原因。

　　亞里斯多德所說的四因牽涉到質料（Matter）、形式（Form）、動力（Agent）與目的（Final）。學者舉例描述這四個原因，其中一個經典範例是「餐桌」。

1. 由木材製成（質料因，Material Cause）。
2. 有四根桌腳，頂部平整（形式因，Formal Cause）。
3. 木匠製作（動力因，Agent Cause）。
4. 是為了讓人們可以一起吃晚餐而製作（目的因，Final Cause）。

<u>時間翻轉者</u>將目的因（最終目的）當成起點，
以表現出目標時間的最大影響力。

讓最終目的成為你唯一的目的

致<u>時間翻轉</u>者：

餐桌不是重點，**晚餐才是重點。**
晚餐不是重點，**用餐的體驗才是重點。**
用餐的體驗不是重點，**人才是重點。**

……諸如此類。

比方說，人們會花一輩子的時間打造餐桌，但其實他們只要直接叫外賣就好。

所以，吃晚餐的真正目的到底是什麼？

如果是一頓特別的晚餐，主角是誰？為什麼要吃這頓晚餐？我們想得到什麼樣的體驗？彼此的人際關係應該如何強化？

我們是否需要這頓晚餐來創造目標背後的目標，以達到最終目的？

花費在餐桌與晚餐上的時間與金錢能不能花在別的地方，讓人藉著把現在活得更好來創造更棒的未來？

或者，也許你想要擁有一張傳家餐桌，可以經得起時間考驗，成為代代相傳的傳家之寶；這就是一種全然不同的打算與做法。

亞里斯多德的四因說可以幫助你了解自己現今的人生軌跡，以及要如何改變軌跡來產生更好的結果，前提是你願意這樣做。

在自然界中，最終目的可以幫助你了解橡實如何變成橡樹；但是，關於時間創造、你的職涯、創業、自我發展與幸福，最終目的則決定你如何去做每一件事，前提是你真的需要以不同的方式去做。

那麼晚餐又該怎麼辦？

　　下次當你肚子餓的時候，請忘掉餐桌。有很多方法可以填飽肚子，也有很多地方可以吃飯。除非餐桌是你的目標，請先想一想你吃晚餐的真正原因是什麼？請實現那個目標。

　　轉變不可能像買賣交易那麼簡單。

　　要落實時間翻轉，你必須決定是要以最終目的來引領自己的人生，還是要跟隨那些不是過著你理想生活的人去做。

你實際上是為了什麼而工作？

　　最終目的遠遠凌駕於你的各種目標，它是你最初訂定這些目標的理由。你不是為了工作而工作，是為了別的理由而工作。

　　當然，你是為了錢而工作，但那些錢拿來買了什麼？你把錢花在什麼地方？為什麼？這些都是可以提出的問題。

　　你希望你的工作、奔波、儲蓄、投資以及行動能讓你與心愛的人處在什麼位置？

　　當你想像未來自己最好的樣貌時，你是處於什麼樣的狀態？你有什麼感受？

　　這個目標的真正目標到底是什麼？

　　　　　　　你的夢想與目的是否一致？

　　最終目的就是理由，是你在意自己為什麼做這些事，也是你對事情結果的期望；也就是說，**你如何想像未來最好的樣貌**。

- 最終目的不僅是目標的目標，更是超越目標、有效率的生活方式。
- 最終目的是成功後的成功。
- 最終目的是將時間花在價值觀上。
- 最終目的是讓和目標不合的承諾被重新檢視。
- 最終目的就是目的。

　　最終目的的思維可以幫助你將目的整合到所有行動裡，甚至在你完成宏大的夢想拼圖之前就達成。

　　拼圖每次只能拼一片，無法一口氣拼出一大塊，夢想也是一樣。最終目的可以幫助你確認宏大的夢想，而<u>時間翻轉</u>可以幫助你將奇形怪狀、相鄰的一片片拼圖湊在一起。

　　你夢想的馬賽克拼圖，是由許多微小的時刻所組成，並且以有意義的方式拼湊在一起。

　　最終目的是你在無形中表達的快樂人生，是你啟動的新事物與實務所帶來的成就感產生的和諧感受。

你是在削鉛筆，還是在創作藝術？

對於時間翻轉者而言，最終目的不是終點，因為它既是終點，也是起點。

終點會銜接起點，因此你可以從一開始就直接依循終點的價值觀而生活。

當你依據某種時間管理方法設定以目標為導向的路徑，而不是根據終點來設定路徑時，夢想和目的就會失之毫釐。

根據目的而生活能讓你的夢想觸手可及。

舉例來說，創業家擁有自主權，可是當他們忙著依循不理性又耗時的系統而生活時，就會失去自由。沒有人是為了生意而做生意，人們做生意是為了討生活。工作的目的是為了創造想要的結果，如果你的工作無法打造你的夢想，你到底是為了什麼而忙？

你的目標是為了有更多時間陪伴家人，可是你獲得自由的夢想需要花5年的時間才能達成，到那個時候，你13歲的孩子已經18歲，準備離家獨立了。你應該怎麼做，才能讓你在此刻就獲得未來想要的自由生活方式？

. . . .

一開始就要把你的夢想和可以用來實現夢想的時間

融入你的商業模式當中。

. . . .

懷抱要過新生活的念頭，和為了擁有新生活而努力工作，兩者截然不同。請思考以下的狀況：

- 當我們優先考量目的，並且融合展現價值觀的生活方式時，就可以成就大事。
- 我們最美好的未來建立於我們在過程中不對自己的個性妥協。
- 你有充分的時間認真對待自己，只不過時機經常不對。請好好善待自己。

創業家「沒有時間」，是因為他們將事業建立在他們努力逃避的傳統忙碌模式上。如果創業家將事業建立在可以運用的時間上，並且從一開始就整合這些時間資源，就能擁有非常多時間。

目前的時間管理風潮，會讓你將工作目標（紅蘿蔔）危險的垂掛在時間軸（棍子）的末端，你可能永遠享受不到成果。為了追逐紅蘿蔔，你會持續向前奔跑，但這也會無情剝

奪你的精力與時間。當夢想被垂掛在棍子的末端，無可避免的就會在你眼前腐爛；它永遠在你眼前，卻也總是遙不可及。

　　時間翻轉者則是把紅蘿蔔當成起點。如果你喜歡紅蘿蔔，願意以餘生追逐紅蘿蔔，為什麼不在一開始就將它融入你做的一切之中？有人問我，這是指紅蘿蔔蛋糕嗎？（是的，為了娜塔莉著想，這個紅蘿蔔蛋糕必須不含麩質而且無糖。不想要的任何添加物，都不必放進去。）

時間管理	時間翻轉
棍子與紅蘿蔔	紅蘿蔔（蛋糕）

　　事實上，太多人認為可以先犧牲現在的時間，以便日後得到更多時間；可惜時間並非如此運作。結果，他們卻發現，多年來緊緊依附的系統非要等到狀況分崩離析才肯放過他們，這就是典型的退場策略失察。

　　　　不讓功能能力（functional ability）變成瓶頸，

　　　　　　才能擴大時間的規模與伸縮性。

如果想要擁有更多自主權，
為什麼不把它寫入系統？

將時間的自由融入過程之中。

假如蛋糕食譜上將糖列為食材，你就可以把糖放入碗裡，並且在蛋糕送進烤爐前將糖和其他的食材混和。如果你沒有加糖，烤出來的就是無糖蛋糕。

時間翻轉者也是以同樣的方式創造自主權，打從一開始就加入自主權。

時間翻轉者的食譜要求你，在開始工作**之前**先把你的價值觀融入生活中。如果不照著做，只能創造出不包含你的價值觀的工作結果。

- 如果想要擁有時間，一開始就要把時間混和進去。
- 如果想要此刻就擁有目標的生活，而不是等到40年後退休時才實現，現在就融入這些價值觀，看著你的生活方式在過程中逐漸提升。40年後，可以過著眾人認為的豐富人生，實現多元的生活方式。

今天馬上把你的價值觀融入日常生活中，並且找出你心底的聲音。你可以獨立自主展開通向目標的流程。不要折損你的優先事項，把它們像紅蘿蔔一樣掛在棍子上。

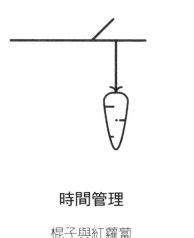

時間管理

棍子與紅蘿蔔

時間翻轉

紅蘿蔔（蛋糕）

• •

如果想拿回人生，就從拿回時間開始。

• •

**人們會記得並重複公司的價值觀，
但總是忘記自己的價值觀。**

　　沒有加糖的蛋糕從烤箱出爐時會變得含有糖分，這是
不合理的想法。同樣的，犧牲優先考量事項的人生終有一天
會變得符合優先考量事項，也是不合邏輯的想法。

　　當然，你可以改變生活，也可以翻轉生活。你可以結
束一件事，並且開始另一件事。但是，千萬不要自欺欺人，

認為自己正在做的事情能夠創造出它無法創造出來的事物。

選擇現在和自己的價值觀妥協，並且認為這麼做可以增強能力，日後就能實踐自己的價值觀，可以說是非常不合理的想法。

我曾經花一天的時間指導一群百萬富翁執行長如何找回自己的人生，他們的年收入從100萬美元到超過5,000萬美元。我直截了當的告訴他們，他們沒有任何藉口。如果你已經把營運系統變得僵化，就沒有辦法走出去……即使你已經坐在高位。

在學會如何活在當下之前，如果自認可以逃離磨難，根本就是神話。談論工作與生活的彈性時，「如何獲得報酬」比「得到多少報酬」更重要。能夠退場非常棒，但是最好把它當成選擇，而不是某個糟糕的工作方法帶來的後果。

現在就依照你的價值觀而活，把它當成一種選擇。將時間翻轉當成一種生產力模式，可以提升你的能力，讓你持續實踐價值觀，並且擴大規模。

現在的你不只可以把最終目的帶入生活中，這麼做還可以創造出多產的環境與適應力優良的文化，幫助你成為理想的樣貌、去做想做的事，並且讓一切改變立即發生、甚至提早發生。

如果你及時將現在的視角調整到和未來的視角一致，給自己空間去實現那些體驗，就不必把夢想留到以後才能

實現。

不要保留你的夢想，因為夢想像冰淇淋一樣會融化。

今天就把時間好好投資在夢想上，日後你將會得到更多時間的紅利。

身為時間翻轉者，你可以隨時隨地、持續不斷的投入時間，並收集時間。

高階思維：從目標到超目標再到最終目標

接下來要做的事情如下所列。

目標。選擇一個能消除大多數問題的目標。每一個目標都會伴隨一系列的問題。首先問問自己，為什麼要設定這個目標。這個目標的任務是什麼？你要如何以自己喜歡的方式盡早完成這個目標的任務？問自己有趣的問題，保留空間給各種轉換視角的答案。

超目標。將視角轉移到目標之上，檢視你的絕對欲望（categorical desire），**也就是凌駕在目標之上的意義或目的。**這種思維流可以轉移實現宏大願景的必要條件，藉著開放各種全新目標的可能性（手段）來達成更遠大的願景。有創造力的問題解決者，眼光不會只放在自己擁有和沒有的工具（目標就是實現更遠大夢想的工具），他們會利用不同的方法與時間軸來取得想要的結果。

倘若目前的目標是登山健行，超目標或許是從山頂上欣賞美景的感受。確定超目標之後，就表示你可以採行任何想要的路線上山，或者以最愉快的方式抵達山頂，例如你可以健行、爬山、開車或是搭直升機；順便一提，如果你在馬特洪峰（Matterhorn）想要走悠閒的路程，我建議你搭乘戈爾內格拉特鐵路（Gornergrat railway）。當然，如果你的目標就是健行本身，那麼當你的鄰居騎著騾子比你更快抵達目的地時，你也沒有什麼好抱怨的。

最終目的。將你的超目標從遙遠的時間軸端點拯救出來，並且直接放在生活的中心來達成它。根據未來展開行動，而不是朝向未來展開行動。

這一次，與其將夢想放在邊緣，不如放在中間。根據目標而努力，而不是朝著目標努力。你可以從時間軸的末端將你的夢想拯救出來，只要將夢想挪到時間軸的前端就好。不要等待夢想，因為它不會主動；夢想也不會等你，因為它沒有耐性。

● ●

減少每天做的蠢事來增加時間與自由，

百分之百會比為了試圖提升100%的生產力

而做出更多蠢事還要來得容易。

● ●

　　不管怎麼說，行為的一致性可以由未來驅動，也可以由未來掌握步調。

　　在成長中找到樂趣。想像一下，如果你不是根據目標而努力，卻是懷抱著期望朝某個目標努力，會有哪些步驟。告訴自己「我會」和告訴自己「我是」，將立即產生非常不同的決策流程。舉例來說，告訴自己「我會規律跑步運動」會讓你處於過度準備的模式，但是告訴自己「我是跑步者」可以驅使你穿上跑鞋踏上跑道。如果你對自己說「總有一天我會退休並且去做某件事」（朝著目標行動），和你對自己說「今天就去做某件事，並且以此打造職涯來支持自己的行動」（根據目標行動），兩者會造就出非常不同的人生。

　　現在就依據你的價值觀生活，會看起來像是非常在意這種價值觀，這足以打造出符合價值觀的文化（還可以在過程中幫助他人），讓你根據價值觀做決策，而不是為了實踐價值觀而做決策。

　　根據最終目的來生活可以創造出一種不同的運作模式，讓你不會再空等、推開或是窮追那個夢想。

....

賺取金錢，不要追逐金錢。

實踐夢想，不要追逐夢想。

執行＞追逐

....

將案例應用在你的目標上

舉例來說，如果你寫書的目的是為了獲得發表演說的機會，那麼你可以現在就去演講，不必等到把書完成才去做。事實上，演講可以提升你的可信度，幫助你寫出更好的書籍內容。你的目標可以互相交換或重新排列。運用高階思維來轉換目標的能力，對於消除不必要的時間虛耗而言十分重要。

不過，你想在將來發表演說的目的是什麼？是為了銷售產品？為了產生影響力？還是為了「成為」一名演講者？你可以濃縮你的目標，而不是分開看待。

你可以錄下演講過程，將內容謄寫成一本小書，善用它來獲得市場的注意，並且把聽眾根據演講內容所提出的問題轉化為商品販賣嗎？沒問題。

持續思考你的目標，以及為了完成任務必須達成的目標。消除愈多步驟（目標），就能避免愈多失誤。

　　將超目標放在你的時間核心，就能夠在生活的各個領域中創造出自然擴展的人生，和那些不確定會不會引導你前往理想目的地的分隔道路完全不同。

　　就精神上而言，在你真正成為理想的樣貌之前就已經變成這個樣貌了。就像一顆種子裡面已經有了一棵樹。

　　最終目的就是種子。

透過生產力4P確認你的最終目的

　　許多領導者、經理人、高階主管、創業家、父母、老師，甚至「時間管理顧問」（我的老天啊！）在執行釋放時間的計畫後，卻打造出新的時間監獄。依據最終目的開始生活可以幫助你把時間監獄變成時間稜鏡。當待辦事項清單變成監獄的柵欄，你就沒有自主權可言。

　　在過去20年間，我訪問過許多身價百萬甚至上億美元的企業高階主管、擁有數百萬訂閱者與跟隨者的創作者、知名作家、了不起的父母和祖父母與曾祖父母、創業家、冒險家、創辦人、創投家、投資銀行家、醫生、治療師、律師，甚至世界頂尖的顧問、教練、運動員、農民、世界領導人以及教育家，而且人數愈來愈多、身分愈來愈廣泛。我問他們如何平衡工作與生活，並且記錄他們的經歷。我深入研究過去兩個世紀以來舉世聞名的「現代管理學」（以及超越現代管理學的做法），並探索我們目前對於時間管理、生產力、快樂、遺憾與人類繁榮有多了解。

　　猜猜看我發現了什麼？最「成功」的人可能比一般人**更**不清楚怎麼達到「工作與生活的平衡」。這一點其實很合理，因為他們沒有找到平衡財富或名聲的答案。事實上，許多成功人士都很懊悔自己是這樣度過每一天。

　　目標、習慣、優勢、性格測試、時間管理等都是達成目標的手段，但是只要超越這些做法並深入探究意義，就是

開始**時間翻轉**的起點。

　　成功人士往往後悔自己沒有獲得控制個人時間與人際關係的能力。人們會懊悔錯失機會，但不會懊悔擁有讓生活與工作充滿彈性、敏捷與意義的能力。抓緊機會去追求吸引你的事物，讓生活充滿活力，並強化人際關係。

　　目標、習慣與優勢都只是達成目標的手段，千萬不要讓手段變成目的。請依據最終目的而生活，好讓自己有機會超越期望，並且空出喘息的空間。你可能已經被困在待辦清單與時間管理的倉鼠滾輪裡太久了，以致於你幾乎無法思考多采多姿的生活、富足的未來或者豐富的人生對你來說有什麼意義。

　　從最終目的的變革力量開始。人們經常問我：「我該怎麼辦？」我的回答是：「如果你知道自己想變成什麼樣的人，你就會知道應該怎麼做。」

　　不要設定傳統的目標。反而應該把意義擺在方法前面。在你握有方法之前，先創造一個具備目標本質與影響力的環境。意義會告訴你該怎麼做，而你的頭腦就是你應該優先準備好的環境。

　　你腦中刻畫的人生最後一定會變得和你想像中的人生不一樣。那又如何？人生本來就很瘋狂。我們先創造腦子裡的一切，然後再創造世界上的一切。

> 策略在腦中；戰術在手中；結果在心中。

確認你的最終目的

透過生產力4P確認人生的最終目的，並且開始翻轉時間：

1. 個人（Personal）
2. 職場（Professional）
3. 人際（People）
4. 玩樂（Play）

我向客戶提出下列問題，幫助他們重新調整專注的目標、改善原先的做法，讓他們更早實現選擇的結果（或獲得其他更好的事物）。這個練習可以幫助你將優先事項（最終目的）放在生活的中心，而非推到邊緣。

這項練習幫我做出重要的決定，包括職業轉換、住家搬遷、財務決策，以及我如何和娜塔莉與孩子個別或共同度過時間。每一週、每個月或是每當想要重新調整生活重心時，我就會使用生產力4P來衡量。

這項練習還能幫助你從分心轉向展開行動，並透過時間翻轉模型來保持和目標一致，建立反時間管理專案。我們將全面檢視你努力實現的目標，以及你想在這個世界上過什麼樣的生活，好讓你投入時間時可以和目標保持一致。

問自己下列三個關於最終目的的問題

問題1：哪些是你現在想做的重要事情，而且會一直出現在你的腦海中？

問題2：哪些是你一直推遲延後的重要事情，但你認為必須去做
　　　　人生才不會感到遺憾？

問題3：你想要擁有什麼樣的性格特質，才能讓你在未來兩、三年
　　　　內成為你想成為的人，並且在成長過程中覺得很有生產
　　　　力？

請將這三個問題應用在生產力4P的每一個項目上

　　這些提示可以幫助你思考問題，但這項活動不限於這些問
題。請發揮創造力，花些時間來進行這項活動。此外，也讓你
的夥伴（無論是生活中或工作上的夥伴）確定他們的四個目
的。假如你和夥伴在目的上的優先選擇不一樣也沒關係，畢竟
你們是不同的人。你應該重視的是了解彼此的志向，並且相互
支持。透過這種方式，即使你們有不同的雄心壯志，相互支持
也能讓你們取得共識，各自為彼此共同創造出有目的的時間，
達成最終目的。

實現目的

1. 個人

個人目的和你的優先考量有關。這些優先事項只和你一個人有關，可能包括你的健康、你的精神，或是你已經思考很久的個人成長目標。這些都只圍繞著你個人，是你想為自己做的事情；也可能是你在教育方面的志向，是有助於你個人發展的事情。哪些事情是你始終心心念念的呢？

2. 職場

職場目的和你在職涯成就的優先考量有關。這可能包括你期望獲得的升遷或認可，也可能是財務方面的目標。你希望目前的工作可以賺進多少薪資？或者，如果你是（或即將成為）一名創業家，每個月必須賺多少錢才能維持現階段的生活方式？在未來的兩、三年內，你有什麼樣的財務抱負？你在職場需要達到什麼目標，才能讓你覺得自己的工作值得花費時間、自己的貢獻值得全心投入又能感到快樂？你想為別人創造出什麼樣的價值？

3. 人際

人際目的和你人生中優先考量的重要人物有關。如果我現在要做這項練習，我會寫下家人的名字，或是事業夥伴或同事的名字，也許我還會把一些需要修補關係的人名也放進來。無論你想到誰，無論你們是什麼關係，請寫下他們的名字，然後在旁邊列出你希望為他們做什麼，來強化你們之間的關係。我會選擇這些人有興趣的事，而不是我有興趣的事，並且支持他們做這些事。表達支持的方式可以是傳簡訊給對方、安排見面、為對方預留時間，或是和對方一起旅行等。的確，在我看來，人際的優先考量不僅最重要、也最難以維繫。因為人際關係是

動態的。所以，請花點時間來安排騰出時間，以便維繫週遭的
人際關係。最後，真正重要的事情不多，人際關係是其中之一。

4. 玩樂

**玩樂目的和優先考量、活動與貢獻有關，而這些事物能填滿
你的靈魂，並讓你感到精力充沛。**許多人創業是為了騰出時
間，但是後來他們卻沒有運用那些時間來做任何事。人們為自
己創業，這樣他們才有時間環遊世界、花更多時間陪伴家人、
服務他人，或者到偏遠的地方擔任義工。讓我們跨出讓夢想成
真的第一步，將這些夢想寫下來。無論你想做什麼，寫下那些
可以讓你更加享受人生的事，而且任何事情都可以。玩樂上的
優先考量應該是你認為可以感到快樂或充滿活力的事。寫下有
助於心理健康的事，或是能夠為他人服務、讓別人的生活變得
更好的事。受夠工作的時候，你想做什麼？或者更確切的說，
當你完成工作時，做哪些事是你的理想？你退休後想做什麼
事？你現在就想做那些事情嗎？把那些事寫下來。有什麼地方
你一直想去？你最期待的事情是什麼？全都寫下來。

5. 選擇其一

回顧一下人生夢想的生產力4P。你能同時完成那些目標嗎？
在現實中，你可能無法同時完成它們。

● 檢視個人清單、職場清單、人際清單與玩樂清單。
● 如果每一份清單只能留下一個夢想，你會保留哪一項？
● 請在每一份清單裡圈出你最想保留的事。

現在，眼前有四個優先事項來支持你的四個目的了。

　　恭喜你！

　　你剛剛做的事，世界上大多數人從來沒有執行過。他們的腦中有想法，他們心裡有想做的事，可是他們不斷對自己說：「我做不到，我做不到，我做不到」，或者只是感到不知所措，因為他們無法確定優先順序。

　　在短短幾分鐘內，你就已經從在腦中懷抱想法，進步到濃縮這些想法，並且把它們總結成現在人生中最重要的四件事。說真的，無論你最重要的四件事情是什麼，請給自己一個擁抱、為自己鼓掌，你剛完成的這件事非常了不起。

　　如果你正確執行這項練習，現在已經把所有的希望與夢想都寫在同一個地方了，並且將它們當成最終目的的四個優先事項。

　　如果你專注在這四大優先事項上，其他夢想也一併實現的機會有多大？

　　現在，這四個目的與四個優先事項就是你的指引，每當你必須在狂風巨浪中做出重要決定時，可以問問自己哪些選擇可以讓你更容易實現優先事項，而哪些選擇會將它們推得更遠。

　　閱讀本書的過程中，請牢記這四個目的以及輔助它們的四個優先事項，將這些目的（最終目的）作為生活重心，建立策略與戰術的工作計畫。

　　如此一來，你的職場優先事項會支持你的個人優先事項，並且讓你有足夠的餘裕可以取回時間與生活。

　　實現夢想之後，或是改變夢想的時候，你可以不斷進行這項練習。如果你決定要做一些會讓你遠離最終目的優先事項的事情，此刻你可以刻意的（而不是隨意的）做出選擇，因為你的優先考量已經改變了。

6. 讓它成真

寫下四個最終目的的優先考量事項。

寫下想要完成這些事項的日期。

寫下要做什麼事，才能夠在家中、在工作上創造出適當的環境，鼓勵自己採取和價值觀一致的行為。

為四個優先事項寫下「如果……，那麼……」的聲明。

舉例來說，如果你的個人優先事項是健身，你的職場優先事項是賺進100萬美元，你的人際優先事項是改善和心愛的人的關係，你的玩樂優先事項是和家人一起環遊世界，這裡有一項萬用公式可以幫你寫下「如果……，那麼……」的聲明（或者你也可以自己造句），讓你聚焦：

如果我執行ABC，就可以在某個日期實現XYZ。

你可以更進一步邁向你的超目標（超越目標的動機），好讓你保持動力：

如果我每天都做ABC，就可以在某個日期之前實現XYZ。
這麼一來，快樂的事情就會比我想像的還要提早幾年發生。

你剛剛所做的事，就是在翻轉你的時間軸。其實，我們的許多優先考量事項根本沒有被優先考量。但是，透過將優先事項從時間軸的邊緣（也就是「將來某一天」）挪移到生活的中心（也就是現在所處的狀況），就能翻轉實現優先事項的時間軸。這種翻轉的時間軸或者反轉的時間排序，可以協助你除去不必要的步驟，直接採取正確的步驟。

你可以透過反轉「如果……，那麼……」聲明的敘述順序，或者完全刪除其中的某些部分，更加深入落實時間翻轉方法，

進而獲得更多「超目標」。例如下列句子：

**我現在就實現<u>讓我快樂的事</u>，因為透過時間翻轉，我發現
原先設想為了達成目標所需要的步驟，根本完全不必要。**

這項聲明可能並不適用於每一種情況，儘管如此，在很多情
況下，這項聲明無疑是正確無誤，或者至少可以幫助你評估你
的等待是否有必要，以及你的擔心害怕是不是多餘的。

7. 粉碎恐懼

每次我指導別人採用這些原則時，就會有人告訴我因為某些理
由或另外一些理由，導致他們無法落實這些原則。我還聽過有人
說，這些原則只適用於擁有某些資源的人，或是身處某些情況的
人。他們說得沒錯，原因有兩個：每個人的情況確實都不相同；
而且，如果你都不相信自己能夠做到，當然就辦不到。不過，對
於正在閱讀本書的讀者，各位沒有藉口可以推辭。為了實現你的
目的，沒時間、沒受過教育、沒經驗或是沒錢，都不足以成為藉
口。就從現在、以你所處的狀況開始，而且在你開始之前，不准
對自己說你還需要「更多資源」才能行動。

身為<u>時間翻轉者</u>，你的任務是透過創造力來解決問題。除此
之外，正如你即將學到，你不必解決自己所有的問題，可以讓
專家來幫助你，這就稱為「專家外包」。

如果你告訴自己因為各式各樣的原因，導致你無法做到這些
原則，請考慮問自己一個新的問題：

**在XYZ沒有發生的情況下，我能做哪些事讓自己在<u>某個日
期</u>之前克服ABC？**

以及：

在 XYZ 沒有發生的情況下，誰能幫助我在某個日期之前克服 ABC ？

或者：

如果這些問題都已經被克服了，接下來我應該做什麼？

這是因為：

當我依照目的生活時，優先考量事項就會和目的一致。

生產力的 4P

做什麼	為什麼
個人	如果 那麼
職場	如果 那麼
人際	如果 那麼
玩樂	如果 那麼

生產力的 4P

做什麼	為什麼
個人 優先考量	日期 需要克服的恐懼與障礙
職場 優先考量	日期 需要克服的恐懼與障礙
人際 優先考量	日期 需要克服的恐懼與障礙
玩樂 優先考量	日期 需要克服的恐懼與障礙

請至 RichieNorton.com/Time
免費下載生產力 4P 表單以及其他反時間管理工具。

尋求工作與生活的彈性，
而非工作與生活的平衡。

02

尋求工作與生活的彈性，
而非工作與生活的平衡

如何擁有自己的時間

> 我們經常忘記職場生活可以很快樂，
> 而且也應該要快樂。
>
> —— 多利・克拉克（Dorie Clark）
>
> 暢銷書《出色》（*Stand Out*）作者

　　道格（Doug）在紐約市一間非常大型的美國投資銀行工作。他任職的部門雖然人數眾多，不過他具備出眾的溝通能力、問題解決能力以及人際關係技巧，因而備受賞識，收入與責任也迅速增加。最後，道格當上總經理，並且從紐約被外派至巴黎。

　　道格說：「我們抓緊這個機會，不僅可以到國外生活，還能讓年幼的孩子學習第二語言。不過問題是，投資銀行的升遷就像一場比較誰吃最多派的競賽，第一名的獎品是得到

更多派。你不僅必須喜愛派，而且派還是你唯一可以喜愛的東西。雖然我承擔更多責任，並不代表我擁有更多資源，而且工作時間與工作範圍十分固定、毫無彈性。」

他繼續說：「我們業內有一個很病態的笑話，說這份工作是個金色的籠牢：對籠子外的人而言，這份工作的薪資與名聲看似很了不起，然而對於籠子裡面的人而言，這份工作真的是多數人無法擺脫的桎梏與生活方式。你的生活模式會在不知不覺中定型，自我意識也會深陷其中。突然之間，你對於高薪的依賴就像毒蟲對海洛因上癮一樣。

「我的父母都是老師，」他說：「所以我們家從來都沒有可以隨意花用的閒錢，而且我一直被教育成要重視存錢與計畫的重要性。進入金融業後，我以為可以就此改變孩子的將來，因此我拚命存錢，一切從簡。我為漫長的工作時間找藉口，自認為犧牲都是為了孩子與家人，卻沒有意識到自己對他們做了什麼。

反思：雖然你的情況可能不同，
但是道格下列的陳述是不是也讓你感同身受？

道格向我描述他的情況如下：

● 我和家人分離的時間相當長。

● 我們的家庭向來關係緊密，但我的孩子在學習
法語與適應新環境上遭遇許多挫折。

● 我發現自己為了這個升職機會而忙得不可開
交，甚至沒有注意到這對家人造成傷害。

● 我總是在孩子上學前就趕著出門上班，回到家
時正好向他們道晚安。

● 我週日都在趕著做週一到週五沒能完成的工
作，以及回覆沒時間處理的電子郵件。

● 陪伴家人的時候，壓力仍然會讓我的思緒混
亂、無法專注，因此根本是人在場卻心不在焉。

● 我雖然很「成功」，卻無法控制自己的生活。

● 我無法控制自己的時間。

● 我無法控制自己的優先考量事項。

● 我無法控制自己什麼時候工作、要在哪裡工作。

● 我無法控制自己什麼時候休息。

● 我甚至無法控制自己的健康，因為我沒有時間。

道格很清楚，如果他想要改變什麼，就必須先有所改
變。他希望能夠更加依照自己的方式過生活，並且擁有更多
時間陪伴家人。他想要陪孩子去上學、傾聽他們一天過得如
何，也陪伴他們寫作業。他希望可以去度假、住在想住的地

方。他想要有時間發展個人嗜好，也想要有時間陪伴妻子、共度約會之夜、隨機來場冒險。他想要有純粹玩樂的時間以及鍛鍊身體的時間。他想要有時間為家人做飯。道格的夢想是「達成上述事項，同時保有收入，並且對人們產生影響力」。

　　他認為自己應該不是唯一為此飽受煎熬的人，因此轉而尋求以個人發展為主題的書籍與Podcast。這時道格發現我的作品，並主動和我聯繫。在政府因疫情肆虐而下令封城期間，道格與家人都待在巴黎。他想學習靈活機動的能力、工作與生活的彈性，以及「如何成為自己人生的工程師與建築師」。

你會如何回應年薪80萬美元的工作邀約？

　　「在接受教練輔導的過程中，我經歷職業生涯中最關鍵的時刻，」道格表示：「我愈來愈清楚自己的優先考量事項，以及想為自己與家人創造什麼樣的未來。」他繼續說：

> 就在那個時候，我接到一通前主管打來的電話，以前和他共事時我才剛進入金融業。這位前主管近期換了一個新工作，職責變得更重，必須管理數百名員工，所以需要有幫忙。他想找人來管理某個重要的大型部門，因為那個部門士氣低落，員工的工

作技能有待提升，並且需要在公司內部積極宣傳、建立共識。他找不到比我更適合的人選，因此想知道我是否對那個職缺感興趣。那份工作在紐約，年薪80萬美元。

　　我應該接受還是拒絕？年薪80萬美元是一大筆數字，然而我的思緒卻清晰得難以置信，並對自己說：「這個職缺不適合我，我要拒絕它，而且拒絕之後不會後悔，因為這份工作無法提供我最渴望的東西。」這並不表示我沒有年薪80萬美元的身價，也不表示80萬美元對我而言不是一大筆錢，而是我問了自己不同的問題，並且列出不同的優先考量事項。

道格從他的最終目的，也就是從他最終極的目標，來思考這件事：

● 年薪80萬美元的代價是什麼？我的日常生活會變成什麼樣子？
● 我完全可以感受到自己每天將會怎麼通勤、天亮之前就抵達辦公室、整天應付公司內部的政治鬥爭，並且在公司裡待到深夜。最後又因為沒有時間做更充實的事情而痛苦不已。

- 我知道高薪的代價是更多壓力、不在家的時間更多、更少時間發展自己的嗜好，而且我的健康會出問題。

- 我會很驚訝孩子一下子就長大了，而我錯失過程中的一切。

- 我發現，孩子們離家展開自己的人生之前，我們只剩下幾次機會共度暑假。一想到我只能再和他們共度為數不多的夏天，這令我吃驚不已，這一點刺激我展開行動。

關於他的決定，道格解釋說：「對我而言，拒絕這份工作真的很愚蠢，可是我也很驚訝自己可以如此清楚果決的做出決定。要向人生中第一位主管兼導師表明不接受這份新工作，讓我感到十分緊張，因為他顯然對這份工作興致勃勃，而且也願意為新工作犧牲。」

練習實用二元性（practical duality）。當道格告訴我他拒絕年薪80萬美元的工作機會時，我很替他擔心。我沒有告訴他我為他擔心，而是想進一步了解他的意圖以及他在心裡描繪的人生。我想到道格的家人，很想弄清楚他為什麼決定拒絕這個日進斗金的邀約，而且如果這個機會出現在道格年輕的時候，他一定會立刻欣然接受。我向他提出幾個問題，等到覺得能夠理解他的決心時，再問他我能否分享幾個不符

傳統的想法。

　　我們討論如何在金錢與意義之間做選擇，以及金錢與意義不一定會互相排斥。而且，金錢與意義可以藉由創造力讓彼此相輔相成。

　　翻轉時間時，在兩個優良的選項之間做出選擇並不是一種衝突，反而是採用「實用二元性」的機會。「實用二元性」是我發明的詞彙，可以透過將工作與生活這兩種對立的面向結合在一起，幫助人們思考重要的人生抉擇與問題解決策略，就像攝影師善用光線與陰影一樣。

　　透過困難的對話建立信任感。我不希望道格錯過這個千載難逢的人生機會，但也尊重他的經驗與價值觀，因此我分享自己從小史蒂芬・柯維（Stephen M. R. Covey）那裡學到的東西。柯維教會我，遇上困難的對話時，先問自己如何才能讓對話繼續進行，並且在彼此之間建立信任感。

如何讓困難的對話繼續進行並建立信任感？

　　當道格解釋他不想接受這份工作，是因為不希望時間被奪走的時候，我們討論了一些方法，讓他現在或將來可以在不被剝奪時間的情況下，接受責任重大的工作。我們談話的目的，是要在他與他尊敬的前主管之間增進信任與坦白。我們以結果為本，討論出令人滿意的替代方案，讓道格可以

向前主管提出有價值的選項，同時又保留自己的自主權。

　　道格說：「我的視角巧妙的轉變了，我可以拒絕這份新工作，同時又和前主管建立信任感，讓我未來有機會得到顧問類型的工作，而且我在任何地方都能以專案的形式完成這類型的工作。我從來沒有想過可以轉任顧問，對我而言，唯一的選擇就是一份全職的工作，而且工作地點都在我不想去的地方。這種轉變讓我大開眼界，我的答覆不一定要是接受或拒絕，將來反而還能夠以顧問的形式增加自己提供的答案選項。」

　　道格利用這段困難的對話來建立信任感，而他只是單純對前主管實話實說。道格告訴前主管，他很榮幸對方想到他，而且他也知道對方需要一個能投入150％力氣的人。雖然那份工作本身非常誘人，但他不想為了那份工作放棄一切。他告訴前主管，他希望未來可以自由選擇想要執行的專案、合作的客戶、在哪裡生活以及如何過生活，並且在工作與生活之間擁有更多彈性。

　　「令我驚訝的是，」道格描述：**「前主管完全可以理解（因為對方也正在努力解決這個問題），於是我們對於未來採取開放的態度，將來這位前主管可能會有一些專案工作，需要我提供專業上的幫助。這次的事件對我而言是一個重大的考驗。」**

　　道格一直想要自行創辦公司，如今他的前主管很可能

會成為第一個主要客戶。道格說：

> 說出自己重視的事情非常容易，但是要考驗這件
> 事又是另一回事。我告訴自己我很重視家庭、我
> 很重視彈性、我很重視要朝向目標，努力讓自己
> 無論身在何處都能工作。然而，當一個引人注
> 目、名聲響亮、待遇優渥的工作找上門來，但這
> 份工作卻和我認為自己所重視與追求的事物背道
> 而馳時，我應該如何回應？我會不會有所動搖，
> 勸自己「再拚個幾年」？當我對自己的價值觀做出
> 承諾並「通過考驗」後，我就能更有自信的朝著
> 「以理想的方式過日子」這個夢想邁進。

創造翻轉時間的專案。道格的妻子琳西（Lindsey）是一名職能治療師，他們夫妻花了很多時間發展她的線上事業、增加她的收入，最終讓他們在任何地方都能夠工作。他們還為期望建立、發展並擴大私人執業範圍的職能治療師開發先進的課程方案。地點自由對道格夫妻而言相當重要，然而當他們深入探究之後，他們發現自己真正想要的是時間的自由與彈性。對他們而言，時間自由意味著能選擇工作量與工作時間，這樣做的話，實際連帶產生的結果便是享有地點自由。

　　選擇一項重大的限制。「如果我們想在暑假期間去日本玩八週，」道格表示：「我希望自己可以毫不猶豫的說『沒問題』。」日本旅遊就成為一項重大的限制，因為我們必須明智考量接下的專案類型，確保自己夠敏捷，並且能機智的完成工作。不過，更重要的是我們必須知道如何執行那些專案。

　　提出問題來辨識出正向的限制條件。下列是他們為了翻轉日常生活的目的而提出的一些問題，各位可以依自己的情況改寫運用：

- 我可以對哪些活動說「好」？但更重要的是，我應該對哪些活動說「不」？
- 有沒有其他方法可以用來執行這項專案，同時又能拿回一些時間？（這牽涉到必須依照各個專案需求，聘雇虛擬助理或是相關專家。以我們的核心專業而言，我們非常注重批次處理與自動化。）
- 哪些影片、部落格文章、採訪或錄音可以預先完成？
- 我們如何在孩子上學期間「超前」自我，在暑假時基本上可以不必工作？
- 我們如何建立對外的工作行事曆，好讓重要的家庭聚會時刻不會有教練工作上的電話打擾？

●●●●●●●●●●●●●●●●●●●●●●●●●●●●●●●●●●●●●●

小心不要過度自由到反被束縛。

當限制創造出自由，

讓你能防範未來的負面連鎖事件，

時間翻轉就會發生。

●●●●●●●●●●●●●●●●●●●●●●●●●●●●●●●●●●●●●●

他們讓一切達到完美了嗎？

「不，還不到完美，」道格表示。但是他們取得令人難以置信的進展，並且不斷在適應狀況。他補充道：「比起達到完美，更棒的是我們相信並意識到這一切真的都在我們的掌控之中。」他們可以決定哪些目標適合他們，然後努力讓目標成真。

道格思考了一會兒後說：「我以前認為，我們只能讓人生大小事發生在自己身上，在事物到來的時刻接受它們。但是，現在我們有瞄準射擊的目標，而不是只會持續閃避。

選擇工作與生活的彈性，而非工作與生活的平衡。今年夏天，我們在葡萄牙工作了八週，這趟旅程很神奇。我們讓孩子參加不同的營隊，每天學習衝浪、打網球或是製造機器人。我們探索整個葡萄牙，先從南部開始，每隔一、兩週就移動並轉換據點，直到抵達北部和西班牙接壤的地區。我們遊玩懸崖旁的藍色海灘，也穿梭點綴著葡萄莊園的綠色山

脈，再到小鎮裡，一整天和當地居民一起待在蜿蜒的河邊。」

為人生的脆弱時刻派上用場。「琳西的母親最近去世了，」道格說。

> 她返回美國17天，全程陪伴著父親。無論你的身分地位或處境，失去父母總讓人感到壓力沉重。在那17天當中，我太太全心照顧她的父親。由於我們所做的改變，我可以用全部的時間陪伴孩子，我百分之百的時間都能用來照顧他們。
>
> 　碰巧的是，我們已經為職能治療師課程方案打造（全部自動化）的系統，那個方案是在她回美國探親期間上線，收入會自動進帳。我們在她照顧父親的那段期間賺了數千美元，這一切都歸功於預先計畫與事先準備。

我寫這本書的時候，道格、琳西以及他們的孩子正打算移居葡萄牙，透過遠端工作從事各自的專案，因為他們已經實現地點彈性的目標。道格說：「還有很多事情需要解決，但是光想到我們在規畫生活與事業上的進展，我們知道自己不僅可以解決這些問題，也有時間解決這些問題。」

> 你以為某件事需要100個步驟才能完成，
> 卻發現它其實只需要1個步驟時，
> 時間就會崩解。

不要一昧追求工作與生活的平衡

平衡的力量會產生不變的動能。在生活與工作之間尋求平衡就像拔河比賽，或是在別人關上門的時候試圖將門打開。

改變動能需要不平衡的力量，像是推或拉。試圖在生活與工作之間讓你的時間保持平衡，反而會讓你因此陷入困境，因為平衡的力量會靜止不動。於是，生活在一邊拉扯，工作在另一邊拉扯。

如果你希望朝著自己想去的方向邁進，創造出積極正面的變化，你的責任就是讓事情動起來（而不是自己把事情做完）。很自然的，你必須讓你的生活**不平衡**，還要讓球朝著你想要的方向滾去（並且在你想要改變方向的時候讓它轉向）。透過時間的延展以及讓時間與目標維持方向一致，生活與工作可以彼此支援，工作與生活的彈性可以讓壓力減到最小、讓優勢放到最大，因為它能幫助你贏得拔河比賽（或者避免陷入拔河的困境），並開啟新的門扉。

時間翻轉者會尋求工作與生活的彈性，
而非工作與生活的平衡。

幾年前，有一位名叫班傑明・哈迪（Benjamin Hardy）的大學生寫了一封電子郵件給我。他讀過我寫的書《開始做蠢事的力量》，想和我取得聯繫。於是，他在電話上向我諮詢，我教他如何實現成為成功作家的目標。他以驚人的速度成為一名成功的部落客，並且以此為起點，將部落格平台轉變為一門生意，這門生意不僅符合他的理想生活方式，而且和他設下的五花八門目標完全一致。班傑明以他想要的生活方式作為根基，7天之內就獲得金錢上的回饋，賺進2萬1,000美元。他在部落格「Inc.com」上刊登文章分享這件事。

然而，成為一名成功的作家並不是班傑明真正的目標，他想要的是終生透過寫作來影響別人，並且照顧自己現在正要開始成長的家庭。當時，班傑明與蘿倫（Lauren）才剛收養三名寄養孩童，而且班傑明仍然是一名學生，同時試著維持生計。班傑明在成長過程中經歷許多挑戰，他迫切想要學會如何改變自己的人生軌跡，並且在過程中幫助他人。

班傑明現在是一位暢銷作家，靠著經營事業坐擁七位數美元的年薪。他的做法是，先確認自己最重要的個人目標與職業目標，再以理想中的生活方式為優先考量來打造事業。班傑明應用時間翻轉的原則，開始過著大多數人必須推

遲到退休時（如果可以退休）才能擁有的生活。他把自己最重視的人生價值，也就是他的家庭與信念，放在日程表的第一位，才能成就工作上的奢侈餘裕。

班傑明把最終目的當成起點，並且依據最終目的為中心打造優先專案，讓人生不平衡的變動，並且往自己想要的方向發展。他知道個人與職場方面哪些事情最重要，但是當他把目標從時間軸末端的未來移動到現在時，他的方向指標也跟著移動。正如班傑明・哈迪博士所說：「忠於未來的自我，才能臻至成功。」

• •

目標的彈力韌性十足。

• •

**為自己想要的事物騰出時間是一門藝術，
不要去管畫布，只管緊緊握住你的畫筆。**

讓重要的事情現在就變得很重要

從<u>時間翻轉</u>的視角來看，兩個工作相同、收入相同的人可能會有截然不同的人生：其中一人只擁有很少的時間自由，或是根本沒有時間自由，而另一個人卻能擁有全世界的時間。

為什麼基本上工作相同的兩個人
會過著截然不同的人生？

30多歲的巴比（Bobby）有一個60多歲的有錢老爸。巴比的父親最近向他哀嘆自己的人生計畫；他的人生計畫是努力工作、變得富有，最後就有更多時間陪伴家人。回首往事，巴比的父親現在才意識到，自己因為工作太忙而失去和家人相伴的時光。他滿心遺憾的告誡兒子不要步上他的後塵。

相較於錯過和家人相伴30年的時光，巴比的父親其實可以從事相同的工作、獲得相同的收入，同時又享受他一直以來渴望的家庭時光；可是，沒有人教他該怎麼做。他的人生缺少不一樣的生活榜樣。

當你的人生完全失序時，你的優先考量事項仍然可以井然有序。

工作與生活不應該只以講究彈性為導向，而是應該以一致性為導向。

你現在花時間所做的事情，對現在的你而言很重要。

> 重點不在於改變優先考量事項，
> 而是在如何與何時讓優先考量事項變得重要。

　　優先考量最終目的可以將讓人分心的事物排擠出去，為創造「牽引力」騰出時間。

　　就算你自認為是在為日後更大的回報而努力，你現在所做的事也很重要，因為那是你呈現在別人眼中的樣貌。如果這件事不重要或沒那麼重要，為什麼你還要做？時間看起來非常充裕，彷彿未來永無盡頭，所以我們很容易把時間視為理所當然。

　　時間翻轉者會優先考量今天的理想目標，並且創造出有彈性的工作與生活混合體，用以支援現在的生活。

時間翻轉打贏了和意識、目標一致
以及注意力對抗的戰爭。

沒有時間的億萬富翁

　　我遇到一位最近喪夫的億萬富翁。她告訴我她的丈夫未能取得「工作與生活的平衡」，**沒有時間**陪伴家人，因此成為一個糟糕的父親。他一向遵循時間管理的原則，白手起家賺了大錢之後，打造出一間企業，管理數千名員工的時間。然而，他的家人卻表示，他並沒有靠著管理而為家人騰出時間。

　　後工業時代的時間管理方法是以線性方式執行，不僅

會虛耗時間、使人分心，對於你的個人生活完全沒有幫助，而且老舊過時。

與其說這和你在過程中做了什麼有關係，
不如說這和你在過程中變成什麼樣的人有關係。

**時間翻轉在長期創造出來的時間，
會比我們在短期內消耗的時間還多。**

創造空間來填補空白

　　時間管理的矛盾之處在於，人們會發現荒謬的事實是，愈常管理時間，能用在最重要事物上的時間就會愈少；愈少管理時間，能完成的工作就會愈多。

**你需要勇氣
才能為生活打造新的時間軸。**

將注意力優先放在和目標一致的專案上

　　一般而言，人類並不擅長預測未來。因此，我們在開

始為了自己喜好的夢想而力圖打破僵局時，會訂定大量沒有
必要的計畫（以及幾乎數不清的步驟）。

> 根據一致的目的來建立優先考量事項，
>
> 打造擁有工作與生活彈性的專案。

　　相較於預測未來，人們比較擅長識別成功的模式，不
過我們卻傾向選擇和夢想幾乎無關的道路，而不是採取可以
直接導向成功的行動。

　　**非理性的目標設定做法正禍及全世界，造成嚴重的時
間延遲以及不必要的情緒焦慮。**另一方面，在工作與生活中
持續學習是實踐持續生活的最佳方法，如果沒有持續落實，
就無法持續改進。

如果你能夠找出一件事來幫你

讓其他所有事物按部就班，

因此省去原以為必要的無效步驟，你覺得如何？

　　無論你是否已經安排好一切，無論你喜歡擬訂計畫，
或者覺得時程表讓你窒息，你都必須體認到，這些預先準備
的計畫要不就是會依照計畫發生，否則就不會依照計畫發

生，或者根本什麼都不會發生。即便你的計畫完美的執行，
不妨問問自己，你是否真的做了最初想要做的事？你的計畫
是否能夠幫助你變成你想成為的人，這項計畫是最好的做法
嗎？如果你順利抵達想去的地方，那裡真的就是你最終想
去的地方嗎？……或者，它只是通往你理想目標的另一個
「墊腳石」？

　　請為可能性、創造力與改變保留一點開放的空間，（如
果你有使用日曆的習慣）把你認為應該寫在日曆上的那些預
設事物，換成完全不同、自然而然發生、甚至更美好的事物。

　　我們會做出最愚蠢的事並不是計畫出錯，而是在知悉計
畫不符合我們的最佳利益之後，仍然繼續遵循錯誤的計畫。

　　你在某件事情上投入大量的時間與精力，不表示那就
是你應該做的事，例如故意將救援用的關懷包寄送到錯誤的
地址。

　　在糟糕的計畫中加倍努力，也無法實現你的夢想。在
糟糕的計畫中保持你的自尊，也並非獲得幸福與提升生產力
的祕方。無知配上傲慢（天真）很合乎邏輯，但是傲慢配上
意識（自我）問題就大了。

　　你比任何人都更清楚這一點。

　　謙卑就能受教，受教就能改變。當你在執行計畫時，
無須被逼到牆角去面對要戰鬥還是要逃跑的處境……冗長
又不顧後果的待辦清單也會造成同樣的後果。

除非改變行為，否則無法學得教訓。

超目標、超決策，以及蛻變

　　當我從事新的專案時，我會瞄準目標、訂定策略並著手執行，好讓這項專案可以立刻或是在不久的將來給我更多時間，並超出我所投入的時間。如果我想在五年後擁有空閒時間，相較於我想在五週後擁有空閒時間，我必須建立非常不同的操作模式，不過這兩種模式大部分的方法與步驟都是大同小異。

　　想像一下，當你為了趕上截止日期所做出的英勇表現。再想一想，當你知道自己在接下來的一、兩週內都無法上班時，你會用什麼不同的方式來工作。現在再想像一下，如果你把這種想法應用到你的未來。

截止日期迫在眉睫的拖延者最有生產力。

經理人與老闆之間的區別，在於他們如何使用時間。
你可以透過安排你想從生活中得到的事物，利用不同的方式建構你的時間，同時完成你的工作。建築師不需要自己動手

蓋房子；總承包商只要負責把工作發包出去。

打個比方，假設你擅長挖掘溝渠，在這種情況下，「優勢測試」可能會依照邏輯告訴你，既然你擅長挖掘溝渠，那麼不管你想不想做或者需不需要，你就繼續挖掘溝渠吧。就這層意義來說，你的優勢變成時間陷阱。要是你不想挖掘溝渠，那該怎麼辦？

你可以收割你撒下的種子，而種子會發芽並長成大樹。你使用時間的方式就如同一顆種子，這顆種子會成為你生活的根基。現在就去做你最想做的事，就如同種下時間的種子，讓你享受你最想享受的事物。好消息是，時間不是真的種子，你可以運用時間，讓時間變成各種事物。然而，你愈拖延時間不去執行，將來就只能有更少的時間去實現夢想，當然就無法看它變成你想要的東西。

你可以放下身段著手進行，限制會對你的生活與時間產生負面影響的工作量。勇敢的建立可以創造時間的專案，而不是耗費時間的專案。

創造工作與生活彈性的專案

　　這項活動可以在你依據個人、職場、人際與玩樂優先考量事項（4P，最終目的）建立專案，並且優先將注意力放在這些專案上時，幫助你建立工作與生活的彈性。

打造目的專案

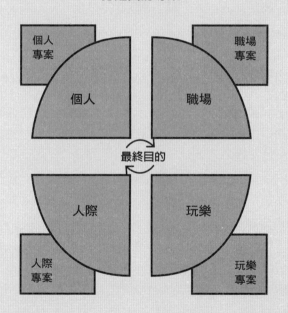

　　這些時間翻轉專案的用意在於賦予你彈性，讓你在安排時間上擁有更多自由，用自己的方式度過有生產力且愉快的生活。

　　在前一章，你已經透過4P確定最終目的，現在你準備好要實現這些時間翻轉目標，並且建立專案，讓自己從一開始就運用自由與彈性，帶來更多時間自由與更有益的經驗。想要付出最多貢獻並呈現自己理想的樣貌在大眾眼前，是在執行的過程去

實踐它，而不是在學習過程中去完成它。最好的做法並不是從課堂上學來。

從生產力4P最終目的學習

1. 為了騰出空間與時間來實現你的優先考量事項，你可以為每一個最終目的執行哪些「專案」？

   個人優先專案：
   職場優先專案：
   人際優先專案：
   玩樂優先專案：

2. 為了讓這些專案朝正確的方向邁進，你今天可以採行哪一項簡單、依據目的安排的第一個步驟？
3. 你希望什麼時候完成這項專案（日期）？
4. 設定每天、每週、每月與每年的里程碑來幫助你實現目標。

所有專案都有開始，也有結束，而且可能成功，也可能失敗。執行你的目的專案，可以讓你從「想做」進展到去實驗與體驗你的夢想，並且立即成為夢想的一部分，無論這個部分有多麼小。

想一想到目前為止的進展。我們已經從懷有構想，進展到在時間軸末端設定目標，再進展到依據超目標與超決策打造符合最終目的的環境，並且以目的專案為開端來執行優先考量事項。時間翻轉可以培育出各種生態系，讓夢想在很短的時間之內就成為一種文化價值、技能以及現實。

目的專案：夢想要等到條件滿足之後才算實現。專案讓你將學得的知識投入有生產力的過程，並且幫助你留住這些知識。

今天馬上以未來的夢想為中心，展開專案並設定截止日期的專案，把你的夢想從未來帶到現在。

我們可以用一個詞彙來形容，從交易式的時間管理轉變為改革式的時間翻轉，那就是「蛻變」。

請至 RichieNorton.com/Time
免費下載生產力4P表單
以及其他反時間管理工具。

蓋好城堡，再打造護城河。

03

蓋好城堡，再打造護城河

如何解放時間並保護時間

> 愛與成功，一定要依照這個順序考量。
> 就是這麼簡單，而且又這麼困難。
>
> —— 羅傑斯先生（Mister Rogers）

山姆·瓊斯（Sam Jones）在閱讀《開始做蠢事的力量》後，於2014年創立訂製服飾公司，夢想擁有更多自由的時間去旅行，以及陪伴家人與朋友。然而不知不覺中，事業占據他的時間，他的人際關係與自由被迫退居二線，因為他忙著做自己討厭的事，以便「終有一天」能夠擁有那份自由。

一開始的時候，他朝著正確的方向邁進，可是在過程中，他覺得自己選錯事業類型，因為他變得沒有時間。他找到機會賣掉公司，並且再次從頭開始。

他的目標是擁有自由，而不是擁有事業。

　　山姆賣掉公司後和我聯繫，我告訴他，他在蓋城堡之前就過度忙於打造護城河了。即便改變工作性質，他卻沒有改變優先考量事項的順序。山姆說：

> 我以為這間店就是我的夢想，但我很快就意識到，這反而是為夢想設下阻礙。我創業是為了獲得自由、財務獨立，讓一切按照我的想法發展。然而在不知不覺中，我在自己的四周築起高牆，阻擋我實現夢想。我忙著擔心護城河的問題，因而從來沒有思考城堡的問題。我應該先蓋好城堡，然後才在城堡周圍打造護城河。現在，當我建立新的專案時，我是以我的家人、時間與旅程為中心。這是一種截然不同的心態，但是如今對我而言再簡單不過。

他接著闡述：

> 在我內心深處，我發現自己真正的目標是不受地點拘束，如此一來我們家就可以在想要的時候去任何地方旅行。是你幫助我釐清必須最優先考慮我的價值觀（家庭、自由、旅行），剩餘的時間再拿來填入工作。我意識到，我在兩個小時內就

可以做完原以為需要八個小時才能完成的事。以
前，我以事業為中心來安排家庭與自由；現在，
我以家庭與自由為中心來打造事業，一切都變得
簡單。優先考慮價值觀，然後再建立事業來支持
自己的價值觀。

城堡代表最終目的，也就是你的目的與優先考量事
項；護城河則代表用來保護城堡的事物。解放你的時間，然
後保護它。放下讓人思考受限的信念，別再認為等待是「過
程的一部分」。我們已經被制約，總是相信只要「投入時
間」並「付出代價」，到最後就可以自由的去做人生中真正
想做的事情。

享有自由自在的工作與賺錢的能力是一種極為奇妙的
特權。如果可以選擇怎麼工作、什麼時候工作、在哪裡工
作，可是非常幸運的事，不是每個人都能享有這種安逸舒
適。傳統上，公司就是城堡，員工在護城河裡工作。時間管
理的設計從來就不是為了幫助員工建造自己的城堡，而是用
來讓員工不斷挖掘護城河。舉例來說，企業的退休方案奠基
於針對員工的時間管理，讓員工在離開勞動市場前先工作
40年，政府的稅務獎勵與懲罰也是為了維持這種運作機制
而設定。這種將胡蘿蔔懸掛在棍子前方的時間管理，日復一
日已經失去意義。

　　隨著技術進步與機會增加，我們可以將城堡（我們的夢想）放在第一位，然後打造一條護城河來鞏固、支持並保護夢想。我們的工作方式是一種選擇，如果想要擁有更多自主權，就必須改變優先考量事項的順序。太多人從打造護城河開始，然後從此深陷其中，即使他們可以離開也沒有行動。我們應該要先蓋好城堡，接著再打造出可以解放時間的護城河，並且保護好時間。

折疊時間

　　在小說《時間的皺褶》（*A Wrinkle in Time*）中，神奇的誰太太（Mrs. Who）與啥太太（Mrs. Whatsit）透過走在細繩上的一隻螞蟻來解釋時間旅行。如果螞蟻要從牠現在的位置走到想去的地方，得要走上一段漫長的路程。於是，誰太太併攏雙手，將螞蟻的目的地帶到牠面前，為牠縮短旅程。

　　時間翻轉的運作方式十分相似。

　　如果你知道自己想要什麼，第一個步驟就是去做你認為的最後一個步驟。如此一來，你就「折疊」了時間，並且確實將未來（你的最終目的）帶到現在。你可以在踏出第一步時就透過實行最終步驟，啪的一聲將好幾個時間軸合在一起。

　　時間翻轉要求你先選擇理想的生活方式。你想住在哪裡？你想如何生活？你想和誰共度時光？這是你必須先問自

己的幾個問題。與其隨機找一份可以領薪水的工作，不如優先考量你想要的生活方式，透過創業或適合你的職業以獲得收入來源。人們通常會先找工作，然後以這份工作為中心來生活。時間翻轉則是明確的由內到外改變這種工作方式，先過理想中的生活，然後以生活為中心來找工作。

> **時間翻轉以你最終的人生選擇為中心，**
> **如此一來你的工作就可以圍繞著它建立，**
> **發揮支持與保護的作用，宛如城堡周圍的護城河。**

譬如，有人可能會說他們想住在城堡裡（夢想的目標），可是卻先開始打造護城河（被稱為「工作」的干擾因素），結果始終沒能抵達城堡。他們應該先開始蓋城堡，然後再打造護城河，為最優先考量的事項建立堅不可摧的堡壘。

時間翻轉者會在夢想周圍建立策略護城河與經濟護城河，用來保障、維護他們的夢想，這樣才能直接追求夢想，不必浪費時間等待。

華倫・巴菲特（Warren Buffett）投資時，會尋找已經打造經濟護城河來保護經濟城堡的企業。巴菲特寫道：「這幾年來，可口可樂（Coke）與吉列（Gillette）的全球市占率確實都增加了，而且品牌的威力、產品的屬性以及通路系統的實力提供龐大的競爭優勢，在他們的經濟城堡周圍建立起

具有保護力的護城河。相形之下，一般企業每天都在為業績
奮戰，卻沒有這樣的保護措施。」

你的人生是否每天都在為自己的時間奮戰，
卻一直毫無防備？

在你最優先考量的時間周圍
設置具有保護力的護城河來護衛它。

時間翻轉：城堡與護城河

時間翻轉者藉著刻意打造**策略護城河**（工作的方式）
與**經濟護城河**（得到報酬的方式）來保護自己的時間，進而
保護自己的中心價值觀（最終目的、目的、生活方式、自我
表達、價值觀、夢想）。

時間自由是你創造出來的環境，
因此如果事情出了差錯，
你可以有彈性的修復它們，防止問題再次發生，
並且重新建構更加美好的未來。

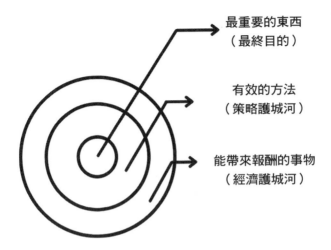

最重要的東西
（最終目的）

有效的方法
（策略護城河）

能帶來報酬的事物
（經濟護城河）

你對過去與未來的認知會影響你的現在

想一想你已經建立的城堡與護城河。暫時不要把你的人生時間軸想像成線性的過去、現在與未來，而是在腦中創造一個空間，想一想你的過去如何造就你的現在、你的現在又如何影響你的未來，還有你對未來的願景如何影響你的現在。

過去、現在與未來疊合的地方就是最終目的所在的位置，在這個空間裡，你可以徹底改變你的自主權、目標一致性，以及可運用的時間。

今天你已經實現昨天的最終目的（你的過去）。無論你現在有哪些經歷，都是由你過去（無論好壞）的情況與選擇所組成。你現在的生活方式，將會構成你下一段人生的樣貌，既然如此，為什麼不依據能夠影響你人生軌跡的方式來

行動，朝著你渴望的方向發展呢？我們都是正在進行中的作品，我們會持續變化。（在強制的力量影響之外，）你有權利決定人生的成果、自由時間的多寡，以及有哪些選擇。

過去的時間：想想十年前的生活。當時你是什麼樣的人？住在什麼地方？年紀多大？目標是什麼？賺多少錢？休閒娛樂是什麼？誰是你生命中最重要的人？做什麼樣的工作？正在執行哪些專案？健康情況如何？諸如此類的問題。

現在的時間：如果你和大多數人一樣，那麼十年前的你是一個截然不同的人。事實上，你甚至可能覺得自己完全變了一個人。當然，你還是你，然而你的經歷、你的選擇、你的人生，以及事情發展的方式，可能都和你當初想像的不

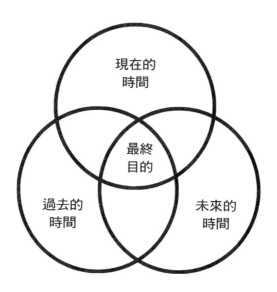

同，或許變得比較好、也許變得比較糟。如今，你很可能面對不同的際遇、活在不同的生活條件中。你是以過去的時間為根基，因而產生現在的時間，並且正在為未來的時間做打算。今天的你和十年前的你曾想像的未來樣貌相同嗎？

未來的時間：如果你的現在和過去不同，那麼你認為提早計畫並且等待十年後的結果真的有用嗎？對於你希望在十年內打造完成的未來，如果接下來一、兩年內可以先實現這些目標中最實質的要素，那麼你達成夢想的可能性會增加多少？如果你能夠以不同的方式思考、計畫與行動，並且略過那些你以為有幫助卻會阻礙你的不必要步驟，狀況會有什麼不同？如果你預定在遙遠未來要實現的偉大夢想，能夠在一、兩年之內成真，誰說它沒有辦法在六個月、六天甚至現在就馬上完成呢？

時間是一種決定。

透過認知自己把時間浪費在哪裡、
未來想利用時間做什麼，並且現在就努力去做，
就能夠為時間騰出更多空間。

排除、委任與外包

　　在拉雪兒・賈維斯（Rashell Jarvis）所處的行業中，勞心勞神是「光榮的、24小時全年無休、沒有時間睡覺，又非常辛苦的工作」。在社群媒體上，針對所有她不認識的人或是沒有啟發她思考的人，她一律取消追蹤，也不讓他們追蹤她，以便減少干擾。她想要拿回自己的時間，不希望注意力被分散，而且她還想建立一種商業模式，讓她與家人擁有更多自由以及彈性。

　　拉雪兒帶著她對自己不動產投資客戶的各種想法來找我，希望討論出能夠提供最多價值的商品。我告訴她，要了解客戶想要什麼，最好的方法就是直接去問他們。然後，我教她排除、委任與外包（Eliminate, Delegate, and Outsource，簡稱EDO）**她不想做**的所有事情，並且專注於**喜歡又想要執行**的部分，就能拿回時間的自由，並且依據優先考量事項來安排工作。

　　「我確認過客戶需要什麼，」拉雪兒解釋道。

　　　然後，我透過EDO（排除、委任與外包）來設計
　　　工作流程。藉由這套方法，我知道需要改變目前
　　　的合夥關係，才能支持擴大規模的成長與願景。
　　　我從零開始，可是我火力全開要做出必要的改
　　　變，而且我明白要以愛與價值觀來引導一切。我

深信自己值得這樣的成功，而這種成功必須以我的家庭為中心來建立。現在我已經為事業建立流程，採用客戶說他們想要的東西，而這麼做可以提供價值。我不只可以收取更高的費用，還能預先收到款項。

我學到的是，只要有價值，人們自然願意付錢，就是這樣。現在我聘請到既有本領又有技能的人，還找來一位會計師與一位了不起的執行長！如今，我的事業經營良好，不必每天身兼數職焦頭爛額。我拿回愈來愈多自己的時間，可以用在我喜歡的公開演說工作上，和人們面對面接觸，教導他們如何和他人建立連結。明年的營運看起來會很不錯，我們的業務將成長為原本的三倍，並且繼續在全國的房地產事業發揮影響力！在我轉換商業模式不到一年內，我們家就已經從亞利桑那州的沙漠地區搬到南加州的海邊（這是我們的夢想！），因為我們要為此時此刻而生活！

當你問人們想要什麼並且給予他們想要的東西時，就不算是傳統的「銷售」，因為你給的完全是他們想要的東西，所以他們必須知道這個東西存在，而且還要有能力支付。拉雪兒確認過理想客戶想要什麼，以及自己的理想是什

麼，這讓她得以建立一種理想的全新解決方案來服務所有人。值得注意的關鍵在於，假如拉雪兒沒有優先為自己選擇的城堡安排妥當，很有可能會在打造新事業之後仍然陷入時間的陷阱。

你用來打造人生的方式也能夠以家庭為中心，讓工作保護你與你的家人。這種方式和你把工作當成中心，讓家庭與家人位處邊陲恰恰相反；你的人生可能會在公司迅速裁員時分崩離析。

盤點你的人生

當有人認為他們的工作是為了提升自己與別人現在的生活時，他們會把今天的時間投入到什麼地方？可悲的是，許多人換了職業、公司和合作夥伴，結果卻只是回到浪費時間的傳統忙碌模式。一再重複缺乏策略的戰術只會造成不穩定。

如果想要擁有不同的未來，就不要回應你的過去。

複製、回應與模仿那些不是過著你想要生活方式的人，沒有辦法賦予你想要的生活方式。我並非暗指你的情況或優先考量事項和別人一樣，而是指你刻意追隨某些人的腳步。

<u>時間**翻轉**彈性</u>的原則是，不管你把什麼事物放在生活

的中心，那個東西就會變成你人生的中心，讓你以它為根基而行動，無論你身處在什麼環境裡。

如果你優先考量服務、事業、運動、創業、投資、教育、藝術、心靈、健身、家庭、旅行、付出、玩樂或無論哪一項，時間翻轉彈性的原則都可以「異花授粉」，如此一來你就能夠有目標的花更多時間在每一項選擇上。

城堡是你（想要）居住的地方，護城河能夠在你和預料之外的威脅之間創造出空間，避免危及到優先事項的堡壘基地，讓你得以反思、回應，並且得到解脫。

> 你企圖取得的時間彈性，
> 是要對你的人生軌跡產生更大的影響力，
> 以便挪出空間來活躍的解決問題。

每一個解決方案都會產生一個問題。

時間翻轉者解決的是來自未來解決方案中無可避免所衍伸的未來問題。

你可以像這樣透過不同的方式思考，為不斷擴展的未來創造出空間與時間。

你目前為止做了什麼

目的→優先考量事項→專案→由目的驅動的思維

你已經：

- 決定好成功的最終目的（四個目標）應該是什麼模樣。
- 決定要花時間去做什麼事可以讓你擁抱成功（四個優先考量事項）。
- 決定將如何從分心轉向展開行動，現在就實踐你的優先事項（四個專案）。
- 了解將目的擺在第一位並建立優先考量事項來保護它的重要性，而不是反其道而行（也就是說，你應該先蓋好城堡，再打造護城河）。

現在我們來設計策略與戰術，幫助你決定如何清除人生目前的混亂，並創造空間來建造城堡；你的城堡就是個人與職場的決定在良善、正向的循環中相輔相成的地方。

透過 EDO 騰出時間

EDO 是反時間管理中用來平衡工作與生活的整合工具，透過思考你現在如何完成工作、如何用不同的方式完成工作以有效達成目的，協助你以優先考量事項的日常生活為

本，設計出一個信任度高、生產力也高的個人化環境。

　　當你和人協同合作，並運用現有資源以不同的方式完成工作時，我得提醒你，不要反而給自己一份不想做的新工作。這是因為，為了取代原本的爛工作或爛老闆而去做另一份爛工作或跟隨另一個爛老闆，不能讓你去到想去的地方。正如史蒂芬‧柯維教導我們要「以終為始」，而不是從心裡想著要採取哪些手段開始。

　　當你在建立重要的工作與生活專案時，如果能夠認真看待下列兩項原則，就可以省去大量的時間、金錢與煩惱：

- 從終點開始，而不是從手段開始。
- 委任別人實現成果，而不是委任別人實行你的方法。

　　思考一下結果，然後設計一種實現成果的方法。舉例來說，如果你不想變成微觀管理者，就不要請別人幫助你，卻又對他們進行微觀管理。

　　終點與手段。時間翻轉者可以藉著區分終點與手段，在衝擊力高的區域中成長茁壯。當你在衝擊力高的區域中成長茁壯，並且賦予他人在衝擊力高的區域裡成長茁壯的能力，讓他們不會把手段誤認為終點或起點時，魔法就會發生。

時間翻轉者現在會利用「強制功能」或
「行為形塑的限制」來做出和目的一致的決策，
以便為更加光明的未來增加選項（蓋城堡），
同時建立障礙物以防止和目的不一致的決策
（打造護城河）。

拿回你的時間
並且運用EDO來創造空間

EDO可以幫助你安排生活並拿回你的時間。

建造城堡

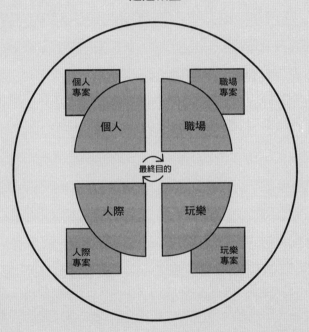

EDO的第一步是先確認你目前呈現在世人面前的樣貌，再辨別你希望呈現在世人面前的樣貌，最後找出通往目標的途徑。

EDO的目標是藉著設計正向的強制功能，來改進包含各種優先考量事項、無縫連結的人生。

做法指引。拿出一張白紙，將白紙縱向對折。（亦可使用書中範例表格或電腦試算表。）

1. **左半邊。**寫下你從早上起床到晚上睡覺前所做的每一件事。不需要在一天進行當中做這項練習,因為你早就清楚一天之中要做哪些事。請把所有事情都寫下來,從倒垃圾、替孩子換尿布、送孩子上學、上健身房、從事休閒活動或運動,一直到你的工作專案、你在工作中負責的一切事務,還有你所從事的各種娛樂等。寫下你認為通常應該做的每一件事。現在,在這張紙的左半邊,你的人生已經躍然紙上出現在你面前。這就是你目前在世界上呈現在世人面前的樣貌。當我們的過去與我們的夢想形塑我們的生活,我們此刻所做的事也就成為我們現在呈現在世人面前的樣貌。

   在這裡寫下你每天的待辦事項:

   _____

   _____

   _____

   _____

   _____

2. **下一步。**圈出幾項你喜歡而且想要做的事情。請注意,你必須負起責任做很多事,但是你喜歡而且想要做的事才是驅使你的動力。

3. **右半邊。**在白紙的右上角,請寫下你圈選出來的、你喜歡而且想要做的事情。**寫下你目前正在做、你喜歡而且想做的事:**

   _____

   _____

   _____

生活與工作平衡表

「你喜歡而且想要做的事情」與「你正在做的事情」

4. **盤點工作與生活的平衡。**想一想這張紙的左半邊，寫的是你認為自己必須完成、而且只有你才能完成的事項，其中包括你喜歡和不喜歡做的事情。相比之下，左半邊的事情和右半邊那些你喜歡而且想要做的事情完全不平衡。你的人生充滿不想做的事。雜亂的人生就是一份被填得滿滿的行事曆，無法承諾提供給你任何空閒時刻。

我要求你找出自己喜歡而且想要做的事，而不是確認你必須執行或擅長的事，刻意這樣做的原因不易察覺，但可以對你的時間形成意義深遠的影響。

如果你覺得自己不需要去做某些不喜歡或不想要做的事，你就不太可能去做那些事。當你感覺自己必須完成某些事時，這會讓你陷入困境，而且假如你不考慮以其他方式完成那些事，就會浪費很多時間。

你擅長做哪些事（你的優勢）非常重要；然而，你擅長某些事並不代表你喜歡並且想做那些事。雖然確認自己的優勢或是做性格測驗等，可以幫助你有好的表現或是了解自我，不過卻也可能因此扼殺你的成長，因為你的優勢會鼓勵你去做你可能已經知道該怎麼做的事，阻擋你發揮創造力與真實性，並讓你無法改變自己。

舉例來說，如果一名泥水匠擅長砌磚，也不要對他說因為他的強項在泥水工作、個性也適合做這份工作，所以不可能成為建築師。傳統的時間管理核心基礎可以讓你更有效率、「更快的砌磚」，而不是讓你成為一名建築師。然

而，如果泥水匠擅長砌磚卻不想砌磚，那麼他的未來或許會因此被左右，但也可能毫無關聯，因為他可以做自己想做的任何事。

你的過去不會定義你，但你如何看待自己的未來會定義你是誰。

5. **平衡你的生活。**想像一下，如果你能找到一種方法來完成你不想做的事，而且不必自己親自動手，同時還能確保工作完成的一絲不苟、品質良好。請腦力激盪一下，假如你不想做但覺得自己必須去做的每一件事，都能在你不必親自動手的情況下完成，你覺得如何？就理論上而言，如果你不想做的事都處理好了，那麼白紙左半邊列出想做的事項，就會和你寫在白紙右半邊且正在做的事項相同。在這種情況下，你的人生就是平衡的。

這種思考過程聽起來可能很難以置信，但實際上一點也不會。雖然這些成果不可能立即發生，然而學習以不同的方式思考與行動是一種可以習得的技能。你應該怎麼做才能夠使它實現呢？

可以被排除、委任或外包的所有事情，都能夠讓你把時間拿回來。

以帕雷托法則（Pareto principle）來看，你的一天是不是大致由**喜歡且想要的兩成事物和不喜歡也不想要的八成事物**所組成？如果是，那麼透過深思熟慮、調整為和目的一致的校正過程，**將你不想做的事情排除、委任或外包，理論上你就可以拿回80%的時間**（以及相關的心理負荷）。這就是時間翻轉。

6. **讓你的人生朝著你想要的方向傾斜。**如果你80％的時間都是空閒，另外20％的時間使用在喜歡且想要做的事情上，你覺得如何？你會保留那80％的時間，在你喜歡且想做的事情上花加倍的時間嗎？還是會把新的想法、計畫與夢想填進那80％裡？

　　雖然這種主動釋出時間的概念聽起來可能很陌生；當然，每一種情況都會因為不同程度的適應能力而出現差異。但是，這就是時間翻轉者用來清除混亂，並且挪出時間以實現職場與個人夢想的過程。

現在輪到你了。

將你的工作任務分類。

7. **排除。**回頭看看白紙左半邊，並且問自己：「**我可以刪掉並排除這些事情中的哪幾項？**」然後在這些事項旁邊寫上代表「排除」的縮寫字母E。然後問自己：「**如果我把它們刪掉，會不會有問題？**」假如這麼做不會對任何人產生負面影響，就把它從待辦事項清單中刪除。可以刪除的項目或許不多，但會比你想像的還要多。請將它們從你的清單上刪除。

寫下你要排除的事項：

_____

_____

_____

_____

_____

8. **委任。**看看清單並且問自己：「**哪些事項我可以委任出去？**」在那些事項旁邊寫上代表「委任」的縮寫字母D。

你現在不必知道要委任給誰，或者如何委任，只要把你想委任出去的事項分類。**在這裡，委任並不代表你要付錢請別人完成工作。**委任可以是重新分配、重新調整或者切換在家庭或工作上的角色。想想看，有沒有人喜歡而且想做這些工作？

寫下你要委任的事項：

_____

_____

_____

_____

_____

9. **外包。**看看清單，想一想：**「我可以將哪些事項外包出去？」**並在那些事項旁邊寫下代表「外包」的縮寫字母O。**這表示你將付錢給別人來完成這項工作。**也許你不想替自家草坪除草、把衣服拿去給乾洗店洗、聘請會計師、付錢請別人替你架設網站，或者和某人合作進行專案等，都算是外包。

寫下你要外包的事項：

_____

_____

_____

_____

_____

　　假設你已經打算排除、委任與外包白紙左半邊上的所有事項，只留下喜歡且想做的事情。在這種情況下，頁面兩側的事項，也就是你需要去做以及想要做的事項之間，就

會瞬間達到完全平衡。有人說，去做不想做的事情可以修身養性，但這指的是無可避免、注定要做的事。有時候，去做你想做的事才最具有挑戰性。請將你優先考量的事項放在首要位置。

這是你人生的平衡表。比起往錯誤的方向傾倒，在紙上達到平衡看起來更好。你可以看著這張平衡表，想像自己朝著想要的方向傾倒。「喔，現在我多了80％的時間，應該拿來做什麼才好呢？」

如何使用EDO。EDO的目標是以優先考量事項來安排生活。當新的工作、任務或專案進入你的人生時，你可以問自己是否喜歡而且想做。如果你喜歡也想做，那它們能不能讓你更接近實現4P？或者會讓你更遠離4P？接著，如果你想要或需要執行它們，先問問自己你應該親自去做，或者應該將它們排除、委任或外包出去？

城堡要建立在你喜歡且想做的事情上，而且得符合你的目的與興趣。城堡周圍的護城河，則要透過EDO的力量來挖掘並打造。

當EDO的思維過程成為你人生中活躍的現實狀況時，一切都會變得不同。倘若你曾經疑惑應該如何安排工作並騰出大量時間，現在你知道方法了。
在保護「城堡」的基礎上執行決策過程，可以讓你取回時間、改變工作方式，並且提升生活品質。

想像一下，如果每天只做自己喜歡而且想做的事，但應該做的事情都能如期完成，你就會有大量的時間去做你想做的任何事。

如果願意，你可以構建一個看起來和現在完全不同的未來。無論你的意圖為何，人生在往前邁進時都會有所改變，你也可以直接從想要入住的城堡開始建構未來。

如果你為創造力、創新性以及你喜歡且想做的新專案挪出空間，人生會變成什麼樣子？你可以開始把城堡建立在你喜歡且想做的事情上，又能符合你的最大利益。先蓋好城堡可以賦予你目的與彈性。

E.D.O.

排除｜委任｜外包

我一天裡所做的事	我想要做的所有事

第2部
實踐

從分心轉向展開行動

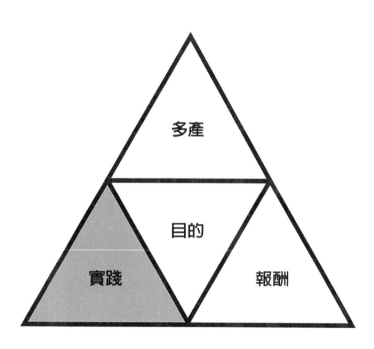

多產

目的

實踐

報酬

從分心轉向展開行動。

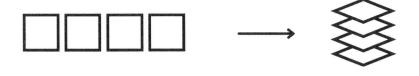

專案堆疊

04

專案堆疊

如何讓時間為你工作

想像自己即將死亡，

生命現在已經走到盡頭。

然後依據自然法則度過剩餘的歲月。

—— 馬可・奧理略（Marcus Aurelius）

羅馬皇帝、斯多葛學派哲學家

班恩・威爾遜（Ben Willson）是從海外來到美國的移民，懷抱著自由的夢想。他成為一名創業家，隨著事業發展，他的責任愈來愈重，每天必須工作18個小時。

他說：「一開始感覺並不像是工作，但這種感受很快就消失了。隨著客戶愈來愈多，問題也愈來愈多，我開始承受不住。我陷入憂鬱而跌到人生中最黑暗的時期，不想繼續做生意，還希望有人把我從我創立的事業解雇。最後，我讓事

業慢慢殞落。」

班恩學到時間翻轉的樂趣後，打破早年發展的模式。他說：「我想要得到快樂，我想要一早起床就覺得自己在幫助別人發展事業，成為創業精神的擁護者。我學會重新思考如何花時間打造事業，也學到有哪些事可以造成影響，以及如何避免虛耗時間的活動。隨著心態轉移，我也變得更快樂。現在我有時間上健身房、寫日記、和我的狗玩耍、長時間散步，並且和太太共度美好的時光。」

他學會**專案堆疊**的力量，將各種目的專案合併，所以只要在一個領域中行動，就可以在工作與生活的其他領域中創造出他期望的一系列成果。

班恩解釋道：「我已經不再需要每天工作18個小時，現在我每天最多工作6 ～ 7個小時，但成效是原本的5 ～ 10倍之多。我有時間思考自己的問題，也有明確的路徑可以通往我想在人生中完成的目標。在一般情況下，我會認為自己必須等到10年後才有可能實現這些夢想。」

落實你的時間翻轉生活方式

時間翻轉者會利用我所說的**專案堆疊、工作同步**與**專家外包**強大組合，在工作與生活中創造自主權。

1. 專案堆疊
2. 工作同步
3. 專家外包

　　實踐這三項原則就能夠擴展並保護你的可用時間，就像環繞著最終目的的策略護城河。

　　專案堆疊、工作同步與專家外包可以落實你的工作方式，讓時間自由不僅是一種習慣（策略護城河），而且是一種可以永續存在的棲地（城堡）。

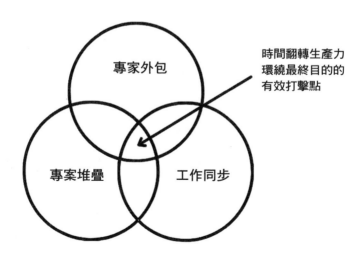

時間翻轉生產力
環繞最終目的的
有效打擊點

專家外包

專案堆疊　　工作同步

以理想的生活方式為中心打造策略護城河

兩個基本上工作相同的人，為何會走向截然不同的人生？原因有三個：

- **優先：**優先考量專注的目標而不是管理你的時間，好事才會發生。
- **實踐：**一旦把目標變成工作，夢想就會變成惡夢。
- **獲得：**你獲得報酬的方式會決定你的自主權。從事夢想中的工作可以讓你獲得自由。

定義你的時間翻轉專案條款

專案是為截止日期而活。截止日期對專案而言非常重要，可是專案經理在安排、籌備與建構專案時程時，往往沒有想到共享資源或「跨專案異花授粉」。

眾人皆知，專案管理糟糕的是在執行策略時，經常沒有將策略意圖或實施成果和預期結果互相連結。傳統的時間管理與專案管理通常會（有時候是故意的）花上好幾年的時間，才實現原本只需要幾個月時間就可以完成的總體藍圖；或者，更糟糕的情況是，藍圖根本永遠不需要實現。因為永無止境的工作就是「工作保障」。

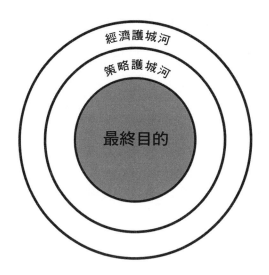

- **專案堆疊**（搭配工作同步與專家外包）讓你能同時完成多項專案,並適當的混合優先順序與重疊專案。
- **混合優先順序**是探索與設計優先考量事項的一門藝術,可以透過和目標一致的行動,讓好幾項具有高價值的成果發生。
- **重疊專案**是探索與設計兩項或多項專案內部連結,來執行和目標一致的行動的一門藝術,可以免於在時間與金錢上耗費資源。

提高生產力、自主權與時間自由的關鍵在於,把自己視為給予者來運用精力,善用創造力去幫助別人,而不是過度保護自我。你應該善用機智。這聽起來很基本,但重要的

是你必須認清**你的仁慈就是你的力量**。多多運用你的創造能
力，而非感知的局限性。將你的優先考量事項與重疊的專案
互相混合，以便節省時間、創造機會，並且利用強大的生態
系統來提升你的**可能性、能力**與**自主權**，為更多人提供服務。

　　專案堆疊如同下圖所示：

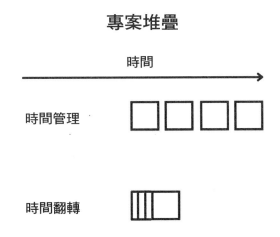

專案堆疊

　　如同推倒一張骨牌就能推倒所有骨牌一樣，專案堆疊
是一種無縫接軌的行動，可以讓你只做一件好事，就能開開
心心完成許多偉大的事。

　　我在21歲的時候曾經問自己一個轉型式的問題，它讓我將未來的夢想專案堆疊，並整合到日常生活中（儘管我沒有時間、金錢或資源），問題如下：

「我應該怎麼做，才能既賺到錢又過著具有意義的生活，而且無須等待好幾年的時間才辦到？」

　　這個問題讓我開始執行幾項專案，並且找出方法，將專案和未來的夢想合併，還找到導師與資源來協助我克服經驗不足的問題。當然，這些以我遠大夢想為中心的專案堆疊，後來打造出全新的工作環境與工作文化，讓我得以進行實驗、獲取經驗，並且產出原本需要耗費數年或數十年才能獲得的成果。

採取小心謹慎的方法，不要粗心大意的行動

　　專案堆疊使用線性思維（linear thinking）與橫向思維（lateral thinking）來產生「時間同心圓」的複合效應。一個超決定會在你的生活中心產生影響，並引發一圈又一圈時間擴張的波浪，就像是將石頭扔進水池裡。

　　信奉傳統的時間管理線性思維可能會讓你迷失方向，以致受限於眼界狹窄的威脅，因而失去周邊視野帶來的機會。

　　做出專案堆疊決策並採取小心謹慎的方法來實現目標，可以透過將優先考量事項放在第一位與中心點，而非當成背景的雜音，讓你從分心轉向展開行動。

暢銷書《從A到A+》作者吉姆‧柯林斯說，
他從管理顧問大師彼得‧杜拉克那裡學到：
「如果1個決定就能成事，不要做出100個決定。」

吉姆‧柯林斯（Jim Collins）解釋：

杜拉克認為我們很少機會面對真正獨一無二、僅此一次的決定，任何良好的決定都有管理成本：它需要論證與辯論，也需要反思與專注的時間，以及確保決策能完美執行所必須耗費的精力。因此，在考量這些管理成本的情況下，比較好的做法是擴大視野範圍，並做出可適用大量特殊情況的幾項通則決策，以找出其中的模式；簡而言之，就是從混亂中找出概念。你可以想像成類似華倫‧巴菲特所做的投資決策。巴菲特知道應該忽略如同背景雜音般的各種可能性，所以，他採取相反的做法，只做出少數幾項重要決策，例如他改變策略，不以非常便宜的價格買進平庸公司的股票，而是用好的價格買進高獲利公司的股票，然後一次又一次複製這種通則決策。對杜拉

克而言，理解巴菲特認為「不活躍行動可能是極
聰明的行為表現」的人們，遠比那些觀點毫無條
理卻做出數百個決定的人們更能有效產出成果。

　　將專案堆疊起來，如此一來，只要做出一個決定就可
以達成眾多優先考量事項中數千個決定才能完成的工作。

　　最後，你可以將生活中的優先考量事項混合在一起，
而非讓它們彼此孤立。專案堆疊是從整體的觀點來檢視目標
的優先順序，而等待事情一件接著一件發生屬於維持現狀的

優先考量事項的專案堆疊

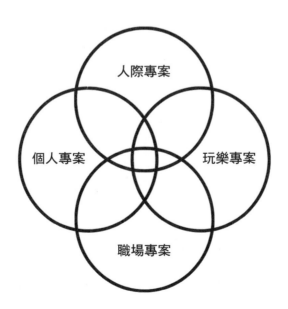

線性思維，不僅浪費時間而且通常沒有必要。

不要多工處理，要堆疊專案

專案堆疊不是多工處理。

- 專案堆疊可以幫助你在完成一件事情的同時完成許多件事情。
- 專案堆疊可以終結你的痛苦，不再過著心底沒有生命力的人生。
- 專案堆疊結合你的工作與生活，幫助你實現理想卻又無須妥協。
- 專案堆疊可以讓你在工作中實現許多高價值的目標，同時促使你在家中（或任何地方）擁有充分且高價值的可用時間。
- 專案堆疊可以幫助你啟動、擴大規模與精簡專案。

專案堆疊能夠創造出一個互相連結的網絡，但是多工處理則無法做到這一點。

伊隆・馬斯克（Elon Musk）的特斯拉（Tesla）、SpaceX與SolarCity這三間公司是最眾所周知的專案堆疊範例。這些企業乍看之下似乎截然不同、互不相關，但是只要經過仔

細觀察，就可以明顯看出這三項專案是堆疊在一起，並且彼此相互依存。

有人曾說馬斯克「將這三間公司視為互相連結的網絡，他希望這張三腳桌的每一支桌腳都可以對另外兩支桌腳有所幫助」。這三間公司異花授粉、共享技術，發展出馬斯克的總體願景。

你不必成為伊隆・馬斯克，也能夠進行專案堆疊。

專案堆疊是將多項專案互相結合，以實現更遠大願景的使命。

只要專案之間透過「目的契合」達成和諧共處，這一切就有可能實現，而且一項專案的成功可以刺激其他專案取得成功。不過，即使一項專案失敗也並不會使其他的專案跟著崩潰瓦解，因為專案之間是相互依存，而非全然倚靠其他專案而存在。

「專案共生」可以讓三項專案在堆疊起來之後比執行單一的專案更有成效，而且還可節省時間；也就是說，一加一會大於二。

如果正確執行專案堆疊，將可幫助你實現最該優先考量的事項，無須在不必優先處理的事情上浪費時間；而且透過排除、委任或外包，你依然可以負責任的完成必要任務。如此一來，你將能夠解放自己的時間去做想做的事情，也就是說，這會增加你的可用時間，讓你去做想做的事（或者什

麼都不做）。

　　你會拿剛才獲得的自由時間去做什麼？對於懷抱雄心壯志的人來說，他們會投入所有精力來達成各式各樣的目標。你將有時間去探索自己的新構想、幫助別人、和家人共度時光、旅行、提高現有工作的效率，或者建立新的專案。

　　擁有更多選擇上的自由也會帶來新的問題，而當你眼前有眾多選項時，你會怎麼做呢？無論你做什麼，都是一種選擇。而你已經創造出一種環境，讓這些選擇不會影響你堅守的高度優先考量事項。

創造一個互相連結的支援系統

　　綺拉・波爾森（Keira Poulsen）經歷一場嚴重的崩潰打擊。舊有的創傷回憶浮出水面，使她產生自殺念頭、感覺自己支離破碎。

　　綺拉說：「不過，在決定生或死的那一刻，我還是選擇活下來。我選擇把日子過得精采，並且受到啟發就去嘗試所有事物。後來，我開設一間為女性服務的出版公司，但卻發現出版事業的發展過於迅速，而我不知道該如何兼顧身為五個孩子的母親身分，同時又能經營公司。我的事業慢慢占據我的生活，而且隨著我愈來愈疲憊，收入也開始減少。」就在這個時候，綺拉決定改變她經營事業的方式。

　　她說：「我的原則是以家庭為中心來經營事業，而非以事業為中心來兼顧家庭。」她設下一項正向的限制條件，要求自己每天下午四點之前結束工作，這樣她才可以在孩子放學之後陪伴他們。她還改變服務報價與商品定價，以反映出她對時間的重視，以及她所提供服務的價值。綺拉利用專案堆疊，將家庭優先考量事項和職場優先考量事項與個人時間優先考量事項彼此連結，有效的創造出一個時間最佳化的「專案三腳桌」，使她的生活穩定又能維持視野上的專注。

　　綺拉說：「很快的，我每個月的收入從3,000美元增加到1萬1,000美元，家庭生活品質也跟著提升，而且工作上似乎各方面都反映出這些改善的成果。在短短9個月後，我首次達成月收入7萬美元的目標，但後來這個數字卻變成我最平淡的業績紀錄。這項原則的效果一次又一次的得到證

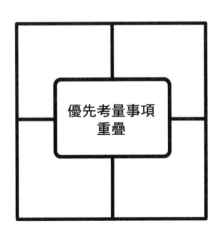

實。」綺拉設下限制條件是為了有時間陪伴家人、接待客戶並照顧自己，但這讓她得以騰出心智空間，並且構想出具有創造力的解決方案，幫助她在今天就能過得比想像中的未來更加富足。

　　透過時間翻轉心態的視角觀看，你的優先考量事項就能像一個互相連結的支持系統彼此重疊（而不是像一系列彼此孤立的系統妥協讓步），並且透過專案堆疊來賺取金錢、創造意義。

專案堆疊是思考的延伸範圍

　　史蒂夫・賈伯斯（Steve Jobs）將專案當成自己眾多構想的延伸範圍。達頓集團（Darton Group）的刊物指出：「雖然賈伯斯經常被視為行銷與科技大師，但他之所以如此成功是因為⋯⋯他藉由以專案為根基的思考過程來經營事業，並將產品推向市場。事實上，就專案執行方法而言，他可能是最卓越的商業變革推動者。他的專案最終不僅改變商業界，也改變我們的世界。」專案堆疊讓成功機率大大提升。

　　如果你希望持續落實某個構想，那就成立專案吧。但是，如果你想要「在宇宙中留下印記」（put a dent in the universe），那就要堆疊專案。專案堆疊是「成功的加速器」。

　　專案堆疊可以透過下列三種方法，幫助你在現在節省

時間、在未來創造時間，同時根據最終目的展開生活。

專案堆疊可以同時完成多項任務

如果正確執行專案堆疊，在工作上大膽的轉移基礎原則將可成為有效的催化劑，解決工作與生活的整合問題、同時達成多項目標，並且完成時間翻轉。請不要把專案堆疊和多工處理混為一談。專案堆疊是一門藝術，可以創造出能夠自動多工處理的專案，讓你不必親自動手；多工處理在很大的程度上是分散焦點、必須親力親為，並且仰賴多重操作的做法，很可能導致失焦、進展速度變慢。專案堆疊是把資源集中在共同目的上，在不分散注意力的狀況下產生多重面向的結果，而且還能加快目標的實現、增強聚焦力。

專案堆疊就是使目的重疊的部分得以落實

舉例來說，假設我的四個優先考量事項與專案分別是身體健康、有更多時間陪伴配偶、每個月多賺1,000美元，並且志願為他人服務，我可能會問自己下列幾個問題：

- 我應該如何讓我想完成的目標重疊？
- 我能不能做一些有趣的事情將這四者結合為一？
- 如果我想帶家人去旅行，旅程中包含健行、彼此陪伴交流與參與志工服務，而這能夠激勵我想出辦法

賺更多錢來實現計畫,那會是什麼狀況?

● 如果可以間接賺到錢,讓我可以更常依照喜歡的方
式生活,那會是什麼狀況?

● 如果有個方法可以直接透過這項專案來賺錢,那會
是什麼狀況?

● 如果已經有其他的組織在做這件事,我們可以進行
「任務配對」,透過合作使雙方的任務互相配合,那
會是什麼狀況?

藉由混合專案與分享資源來節省時間、創造意義的創
意思維過程,都是既實際又有實際收益的做法。一個問題、
一段對話、一種念頭,就可以大幅改變事物。

時間翻轉者會避免交易式的解決方案

每一個解決方案都會產生問題。當你進行專案堆疊
時,也要留意它們產生的後續問題可能又結合起來作亂,畢
竟你不希望在辛苦突破重圍之後又讓自己陷入另一個泥沼。

時間翻轉者著眼於他們想去的地方,並且運用專案堆
疊來解決當下的解決方案在未來創造的問題。專案堆疊可以
避免從一開始就不該存在的問題,日復一日、週復一週、年
復一年的節省時間。

當你以時間為主軸來堆疊專案時,就能夠藉著具有策

略性、一致性且能創造時間的自主權，來戰勝落伍、平淡又虛耗時間的工作方式。

**你能創造愈多重疊的優先考量事項，
就愈能夠只以一個決定來影響你的各種夢想、
優先事項、目標以及生活方式。**

夢想在截止日期來臨前都不算實現

你的下一個重大最終目的現在可能感覺不太急迫，因為它們沒有大喊大叫來引起你的注意，**除非截止日期迫在眉睫**，否則你都不會有感覺。請設下截止日期來幫助你，尤其如果你是喜歡拖拖拉拉的人、喜歡草率的提早完成任務的人，或者喜歡追求完美的人，更要這麼做。遠大夢想被降格為遺憾，這樣的痛苦令人沮喪，但只要做出一個決定，你就能夠把未來的遺憾變成今天的要務。

在這種情況下，專案堆疊可以藉由減少拖拖拉拉的行動、避免草率的提早完成任務，或是削減追求完美的偏好，幫助你更加表現出嶄新的真實模樣。

當你一生的工作都環繞著人生夢想進展時，你會感覺自己更有生產力，也更有自主權與彈性。這種感覺非常輕鬆。讓人意外的是，當你意識到自己可以多有效率的使用時

間，又能夠利用空閒時間做多少事的時候，可能會覺得自己
像個喜歡拖拖拉拉的人。你也可能會受到誘惑而把時間浪費
在瞎忙上，草率的提早完成任務，或避免去做最重要的任務
與目標，卻把一切歸咎在追求完美上。

- 喜歡拖拖拉拉是衝動。
- 喜歡草率的提早完成任務是焦慮。
- 喜歡追求完美是逃避。

喜歡拖拖拉拉。不要衝動的去做優先順序比較低的任
務，因而失去優先順序較高的生活，例如吃晚餐的時候用麵
包塞飽胃，忘了後面還有主菜。相反的，應該善加利用拖拖
拉拉的習慣。**請記住：喜歡拖拖拉拉的人在截止日期即將到
來時，比任何人都更有生產力。**

喜歡草率的提早完成任務。不要為了看起來有生產力
而裝出有生產力的樣子。**當你做那些無關緊要的事情時，就
沒有時間去做重要的事。**讓人意外的是，當你先去做真正重
要的事情時，不知道為什麼，你終究也會有時間去做任何
想做的事，這是令人耳目一新的生產力瀑布效應（waterfall
effect）。

喜歡追求完美。人們經常將喜歡拖拖拉拉歸咎於追求
完美，然而追求完美的目的完全不同，追求完美的人是想把

事情做到完美為止。**為了達成這個目的，追求完美的人會選擇他們現在就可以做得很好的低風險活動，而不是選擇執行大型專案，因為大型專案需要花費更多時間與精力才能做好，所以他們會留到以後再做。**

喜歡追求完美的人會落入一種陷阱，傾向選擇做一些比較不重要又簡單的事，因為他們現在就可以把那些事情做好；他們不會選擇現在就實現夢想，因為那些夢想難以完美的達成。然而，世界上沒有什麼事物會完美無瑕，因為完美永遠需要不斷的琢磨，於是使得追求完美更加耗費時間。

而且，不追求完美的人能夠比追求完美的人創造出更多「完美」的事物，因為他們有更多機會嘗試。完美源自於不完美。**在進行專案堆疊時請留意，增加生產力才能創造完美，而不是拋光、打磨外觀。**

要做準備，但不要過度準備

過度準備會讓良好的意圖瓦解。 過度準備會阻擋人們終其一生都無法做到想做的事情。

為什麼經驗較少的人可以持續完成希望自己能夠辦到的事？

過度準備會讓人失敗的其中一個原因，是因為他們在尋求確定性的時候又懼怕著模稜兩可。然而，人生中最明確

的東西，就是我們自己打造出來的監獄。當你看著最重要的
優先考量事項實現，而過度準備的思維卻阻擋你去做自己想
做的事的時候，你就會馬上開始採取行動。

人生中和確定相反的事，就是所謂的自由。

如果想擁有自由，就必須願意將人生推向不確定。

- **有效力**。棄絕你完全知道做法的行動，你就會明白
  該怎麼做。
- **有效率**。運用初學者思維，擁抱不斷學習的做法，
  讓人生的下個階段成為最棒的人生。
- **有效果**。透過思考你期望的未來，將最重要的要素
  帶到現在的時空，並根據這股能量向前邁進，以便
  以時間為主軸採取策略。

「最終目的」與「最終成果」之間的關係就是成效。

專案堆疊就是那一張關鍵的骨牌，能夠讓你所做（和
想做）的其他事物逐一倒下。同樣的，請想想第一張骨牌後
面的開闊空間，完全沒有任何東西倒下，正是因為那裡什麼
都沒有。請讓那個空間保持開闊、整潔、不被占據，保留給
有意義的自發性與可能性。

生命太短暫，也太脆弱，
你不應該將自己和腦中還沒想到的美妙事物隔離。

效果主義。將你的優先考量專案整合為一，是有效力、有效率又有效果的一種做法，還能幫助你為更大的測試做好準備，讓你練習並證明你的想法。一項專案的美妙之處，首先在於你不必承諾永遠，而且它有開始，也有結束。

專案堆疊可以讓你在「實現計畫」前先品嘗到未來的滋味。當你現在就開始依照理想而活時，你可能會很喜歡它並且加倍努力。或者，你也可能會發現這個夢想並不如你所想像有趣，不是你真正喜歡的樣貌，這可以省下你幾十年的時間，以免朝著錯誤的方向而努力。

> 所有優先考量事項彼此和諧共處並不是幻想，
> 只要消除預先構思的時間安排，它就會發生。

無需再等待。如果不斷把夢想變得過度複雜，就永遠無法得知實現它們的感覺多麼美妙。你已經抵達目的，請深呼吸，透過啟動專案與堆疊專案來嘗試眼前的夢想。將個人與職場的喜悅結合，而非各自孤立，是一種基礎、自然的生活方式，也是傳統組織式的時間管理無法提供的生活方式。

像巨石強森一樣堆疊專案

　　專案堆疊最著名的一個範例，就是人稱「巨石強森」（The Rock）的德威恩・強森（Dwayne Johnson）。他是歷史上收入最高的其中一位演員，但他的成就不僅限於此。他擁有好幾間根據個人興趣與契機所設立的公司，目的在於幫助別人。在他分享的每一則貼文中，都可以發現他同時宣傳或整合多項專案，或是以某種方式將專案連結在一起。他以自己的超價值將所有專案綁在同一支雨傘下。

　　有誰認為迪士尼電影、龍舌蘭酒、運動服裝品牌、能量飲料、運動鞋、即將上映的新片、製片工作室、電視連續劇、健身以及和家人在夏威夷度假等幾件事是彼此相關的事物？當然沒有。然而，透過「巨石強森」這位連結者，他的專案成為他生活方式的延伸，就像樂高積木一樣，可以無縫的接合、加高或堆疊在一起。

堆疊時間

　　別再想著瑣碎的小事，想一想你現在正在執行的專案：

- 你應該如何堆疊專案，讓生產率達到原本的2倍、3倍、100倍，甚至更高？
- 你應該如何依據共同目的重疊並整合專案？

- 你現在應該如何調整做事的方法，讓自己日後能創造出大量時間？

身為<u>時間翻轉者</u>，你的目標是讓事情動起來，
而不是靠自己去做所有事。

專案堆疊

　　專案堆疊可以透過資源的結合，幫助你以時間為中心打造護城河。

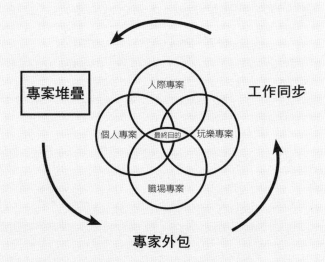

人際專案

個人專案　最終目的　玩樂專案

職場專案

專案堆疊

工作同步

專家外包

　　專案堆疊可以幫助你擁有工作與生活的彈性，並且此時此地就實現最終目的，不必等到好幾年之後。如果你這樣做，而且真正動手去做，你就能夠找到解決方案。但是，你也會發現一堆錯綜複雜的問題，那些問題可能是你多年來一直以線性方式工作所造成的結果。

藉著專案堆疊來改變你的工作方式

1. **專案堆疊**：檢視你的四個最終目的專案。
2. **整理現在的時間**：要實現這些目標，必須決定確認哪些任

務可以結合在一起，透過減少達成這些目標所需的步驟來節省時間。

　　你要找出以前各自獨立完成、但其實可以彼此結合的任務，如此一來，只要花一次工夫就能同時實現許多目標；就像銀行的複利，只不過是應用在工作效率上。

3. **整理未來的時間**：現在請檢視並思考你的4P最終目的專案，其中的任務有哪些部分重疊？你可以結合並省下哪些工夫？

4. **彙整最終目的專案**：為你的四個專案執行第三章的城堡護城河活動。

5. **堆疊！**看看自己剛才完成哪些步驟！如果你正確執行這項活動，就可以減少達成目標所需的步驟，並且決定現在可以做些什麼。你已經為城堡奠定基礎，也開始將不想做的部分排除、委任與外包出去，並且以夢想為中心打造出策略護城河與戰術護城河，因此你可以有彈性的專注在自己最擅長的事情上。

你已經透過不同的方式結合任務，如此一來，一個選擇就可以刻意且正向的影響許多項最終目的成果。

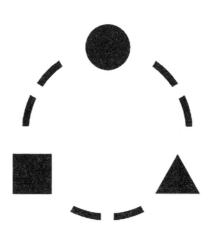

工作同步

05

工作同步

如何讓工作與生活同步

你必須檢視完整的人生，
而不僅僅是職場生活或個人生活。
生活應該完整合一，每個部分都必須各就各位。

—— 艾嘉・伊文斯（Aicha Evans）
Zoox 執行長暨亞馬遜自動化事業總裁

他們的雙人座螺旋槳飛機在亞利桑那州北部的偏遠地區
耗盡了汽油。隨著太陽下山，光線愈來愈暗。

當時是1940年代，我的祖父母駕駛著飛機出遊，旅程非
常愉快。他們年輕的時候喜歡一起在天空翱翔，然而這趟飛
行出了問題，他們的汽油外漏，偏偏又找不到可降落的地點。

由於天色太暗，即使他們能在松樹林間找到一片田
野，飛機也不可能安全降落。這時他們發現遠處有一間獨特

的餐廳。於是萌生一個構想。

　　如果他們使用無線電廣播，請餐廳顧客將車子在窄小泥濘的小路上排列成行，並且打開車燈照向路面，他們是不是就可以安全降落了？最後他們真的這樣做，也成功降落了。

　　我可以肯定的說，假如他們沒有那麼幸運而且懂得善用資源，我根本不會在這裡。

同步需要懂得善用資源

　　有時候，如果不是因為緊急狀況發生，我們都忘記自己善用資源的能力有多好。

　　在我們的日常生活中，將資源與優先考量事項整合協調的重要性被嚴重低估，導致我們明明可以找出方法，讓飛機安全降落、準時回家吃晚餐，卻把時間耗費在不停來回盤旋而將汽油耗盡。

　　工作同步如下頁所示。

將你的工作與你的生活同步

　　你是否曾經工作一整天卻覺得自己什麼都沒做完？

　　工作同步可以透過下列方法提升你的生產力：（a）將你的專注力（b）和你的優先考量事項（c）在最適當的時機

工作同步

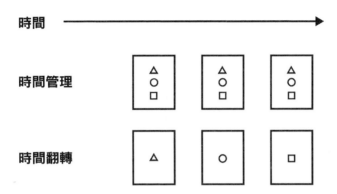

時間

時間管理

時間翻轉

加以同步。

即使資源豐富，在什麼時候、如何使用工具與創造力
來實現目標，也會導致不同的工作成效。

目的與帶有目的。一條泥濘小路、餐廳裡的收音機，
以及有車的顧客，這些資源原本的「目的」都不是要在黑暗
中讓一架小飛機降落。然而，當我的祖父母賦予這些資源意
義，並且以共同目的將它們整合的時候，這些資源就變得帶
有目的了。

如果不將意義與抱負同步，目的就不會帶有目的。
比起懷著正向的意圖過生活，
帶著目的來引導人生更具有意義。

- 帶有目的的一天，就是那天做的事在思維、行為與
  方向上達到一致。
- 工作同步需要意識、注意力、目標一致。
- 工作同步看起來就像是有創意的結合帶有目的的資
  源，來完成優先事項專案。

有時候，帶有目的的資源相當顯而易見，但一般而言
通常看起來毫無關聯，需要你開創空間來構思全新的構想，
並且以開放的心態進行專案創新。

你夢想的目的是什麼？

工作同步是透過刻意下決定的做法，從一開始就將目
的嵌入到夢想文化當中，使夢想與過程和目的契合。

創造工作同步的空間

**你持有的東西當中有沒有哪一項其實是資源，但因為
沒有拿來使用而阻礙你前進？**

卸下阻礙你前進的事物既不是一門藝術，也不是一
門科學，而是一種決定。你可以藉著忘掉學過的知識、重
新學習學過的知識，或者學習全新的知識來創造空間。你
可以透過根據最終目的所展開的行動來創造空間。無論你
在生活與事業上採取極簡主義（minimalism）或極繁主義

（maximalism），都應該做出能夠實現你的目的的決定。

工作同步即是此時此地就到達你最想要創造的空間（包括精神、身體、情感、經濟與社會等方面的條件），也就是從一開始就創造出夢想的本質。根據最終目的採取行動，可以在工作同步與意義創造上打造出廣度與深度。

假如你不確定要在哪裡讓你的時間同步，寧願多做一點也不要做錯。

如何將注意力、優先順序與時間同步

第一架橫越美國的飛機花了49天的時間，比原本的計畫落後19天。

當出版大亨威廉・赫茲（William Hearst）於1910年10月宣布開辦赫茲獎（Hearst prize）時，飛機才剛剛問世8年左右。赫茲獎的獎金為5萬美元（等同於今天的100萬美元以上），第一個在截止日期（1911年11月）前於30天內飛越美國東西岸（由東到西或由西到東都可以）的飛行員便可以獲獎。從宣布日期到截止日期，約有1年的時間可以完成這項任務。

卡爾・羅傑斯（Cal Rodgers）認為這值得他花時間冒險，然而他的專案有兩個問題：他沒有飛機，而且他不會駕駛飛機。

請想想，羅傑斯要如何結合他的構想、人力與資源，以合作的方式將注意力與抱負同步，並且完成最終目的。

1. **沒有工具。**他沒有測量儀器或器械，也沒有機場管制塔來引導飛行的方向。

2. **沒有知識。**卡爾・羅傑斯不會駕駛飛機，因此他去學開飛機，就在挑戰截止日期前幾個月。

   「羅傑斯在1911年6月請奧維爾・萊特（Orville Wright）指導他90分鐘，這就是他接受的全部飛行訓練。」

3. **沒有飛機。**羅傑斯沒有飛機，所以他參加競賽、贏得獎金，成為第一個向萊特兄弟買下飛機的一般公民。

   「1911年8月，他以單人飛行者的身分參加一場飛行耐力賽，贏得1萬1,000美元的獎金。這筆錢讓他得以買下一架由萊特B型飛機改裝而成的萊特EX型飛機。」

4. **沒有錢。**羅傑斯需要更多錢才能完成跨越美國大陸的飛行之旅，所以他找來贊助商，以新上市的Vin Fiz葡萄汽水將他的飛機命名為Vin Fiz號。

「羅傑斯找上喬納森・奧格登・阿莫爾（Jonathan
Ogden Armour）贊助他，而這位肉類加工業大亨正
想推廣一種新的葡萄汽水飲料。在阿莫爾的贊助
下，第一面空中廣告看板就此誕生……。」

5. **沒有團隊**。羅傑斯需要一支陸上團隊，所以他用
葡萄汽水的贊助資金聘雇一群人。

「這趟旅行需要許多備用零件，包括機翼和主要機
身的部分，還需要一組機械工與後備人員。這些
人力與物資填滿一列三節車廂的火車。」

6. **失敗**。1911年9月17日，卡爾・羅傑斯展開從紐
約州到加州的旅程，但是他在第二天就墜機了。

9月17日，在獲得飛行員證書41天後，卡爾・
羅傑斯於紐約長島（Long Island）附近的羊頭灣
（Sheephead Bay）賽馬跑道上組裝 Vin Fiz 號。一大
群人在那裡圍觀，其中大多數人都懷疑這趟飛行
能否順利完成。

羅傑斯設法飛行超過100英里，然後降落在紐約
米德爾敦（Middletown）的一片田野上。隔天早
上，Vin Fiz 號在起飛時撞上一棵樹，飛行員與飛
機都受到不小的損傷；這只是航程中諸多意外的

第一次事故。經過幾天的機翼與機身修復，以及羅傑斯頭部傷口的恢復後，Vin Fiz 號繼續前進，並且在三週後抵達芝加哥。

7. **目的。**卡爾・羅傑斯不可能達成30天內從東岸飛到西岸的目標，但這個目標根本不是他的目的。事實上，他帶著拐杖同行，為他將面對的挑戰做準備，**時間翻轉本來就高低起伏不定。**

隨著30天的期限逼近，羅傑斯顯然無法拿到獎金，可是他想繼續和同行的機械工與支持者完成這趟旅行。他的飛機在途中停下來超過70次，最後才於11月5日降落在加州帕沙第納（Pasadena）的指定地點。

羅傑斯在飛行過程緊急降落超過15次，而且到醫院就診的次數簡直數不清。他的飛機在途中修理與重建過很多次，甚至……實際上到達加州的飛機已經幾乎不是原本那一架。羅傑斯也在飛行途中受了許多傷：他在亞利桑那州（Arizona）摔斷一條腿，手臂上還有一片引擎汽缸的碎片，以及有數不清的割傷、擦傷與瘀傷。

8. **最終目的。**競賽的獎金誘因與截止日期促使他展

開行動，但是最終目的與工作同步才真正幫助他
實現夢想。他一直以來不曾放棄的夢想，就是從
美國東岸飛到閃閃發亮的西岸。

實際上，卡爾・羅傑斯無論是撞上養雞場、為了避免
喜歡收集紀念品的人偷拆他的飛機而採取行動、在田野上追
逐乳牛、嘗試在沒有光線的情況下降落、在沙漠中推著飛機
行走好幾英里，或者讓醫生從他身上取出鋼鐵金屬碎片的時
候，他都顯得非常愉快，因為他過著快樂的人生。

「情況愈來愈明顯，卡爾永遠不可能在截止日期前抵達
太平洋岸。但是卡爾不承認失敗，並繼續前進，於10月8日
抵達芝加哥。為了慶祝這項成就，卡爾還為喬利埃特監獄
（Joliet Prison）的囚犯表演一場特技飛行。當他抵達密蘇里
州的馬歇爾市（Marshall, Missouri）時，已經飛行了1,398英
里，打破長途飛機里程的現存世界紀錄，於是他再次進行特
技飛行表演來慶祝。」

當卡爾・羅傑斯在目的地降落時，帕沙第納有一份報
紙報導了他的感言：「我不覺得累。就各方面的考量而言，
這趟旅行並不困難。事實上，我相信在不久的將來，我們會
看見有人在30天、甚至更短的時間內完成旅程。我在過程
中的任何一個階段都不曾感到憂心，即使一切看起來都出了
差錯也沒有煩惱。因為我知道自己能夠挺過來，就算只是為

了讓那些嘲笑我的人刮目相看也好。」

　　如今，在飛機裡待上456個小時可能會讓你感到萬分沮喪，但是羅傑斯的這趟飛行促成現在飛越相同距離只需花費短短數個小時。卡爾‧羅傑斯當時曾說：「我預計將來飛機可以載著乘客從紐約飛到太平洋岸，而且只需要三天的時間。」

　　這就是同步的目的。

時間是相對的。
意義是主觀的。
帶有目的的人生是一種選擇。

　　將注意力放在抱負上是好事，然而讓你的想法與行為和你的方向同步，可以透過有價值的工作與有意義的花費時間來實現你的最終目的。

工作同步不僅是一種策略或一套戰術，
它是一種生活方式，
也是以心態提升生活風格的一種運作模式，
它是一項決定。

　　據說當時超過2萬人聚集在帕沙第納觀賞卡爾‧羅傑斯完成任務。當他降落時，和原本的飛機零件相比，當時他的

飛機是由更多後來才被換上的零件所組成，但是保持飛機的
光鮮亮麗並不是他這趟任務的目標。

　　航空模型學院（Academy of Model Aeronautics）記載
著：「人們用美國國旗包住卡爾，並且在數千人的歡呼下開
車載他穿過帕沙第納市。這種歡迎英雄的方式，卡爾當之
無愧。更重要的是，他的飛機飛越美國。卡爾實現他的夢
想。」就像聚集在一起觀賞日出或日落一樣，人們聚在一
起，開始行動並完成夢想中的專案。

讓你的思維與行為和你的方向與決定同步

　　工作同步是最終目的的延伸，因此你可以讓工作創
新、精簡，藉由珍視你的時間與注意力來實現你的優先考量
事項，並且讓其他想要參與的人加入行列。

藉著讓專案一致來達成工作同步：
讓你的（a）想法、行為、方向
契合你的（b）意識、注意力、目標一致。

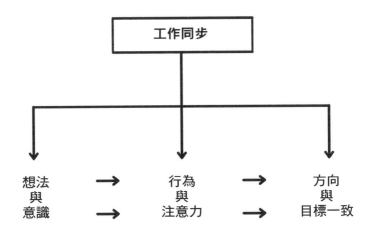

傑夫‧貝佐斯有大腦替身

……你也可以這樣做。

傑夫‧貝佐斯（Jeff Bezos）在創辦亞馬遜的27年後辭去公司執行長的職務，交棒給安迪‧賈西（Andy Jassy），也就是他的「大腦替身」。

根據《紐約時報》的報導：「2002年至2005年期間擔任貝佐斯行政助理的安‧希亞特（Ann Hiatt）表示：『賈西先生跟著貝佐斯先生到所有地方，包括參加董事會以及旁聽貝佐斯先生講電話。」她說，這樣做的構想是要讓賈西成為貝佐斯的「大腦替身」，這樣他就可以挑戰貝佐斯的想法、預先得知貝佐斯會提出的問題。

當你將大腦外包的時候，你知道自己正達到生產力的巔峰。言歸正傳，專家外包既是你思考的方式，也是你思考的結果。擁有能夠讓你分享自己想法的人，像是合作夥伴、導師、跟隨者、顧問、教練等，是一個非常棒的優勢，尤其如果你正在培養最後能取代你的角色的人，那就更重要了。

將你策畫的高度影響力應用在工作同步上

約翰・李・杜馬斯（我的事業夥伴，也是世界頂尖的創業主題podcaster）每天都有Podcast節目上線。他非常忙碌，至少我認為他很忙，因此當他告訴我他空閒時間很多時，我感到萬分驚訝。

約翰怎麼可能每天有時間採訪、錄音、剪輯並且發表新一集節目？好吧，他沒有這樣做。

- 約翰一天錄製15集節目，每個月只工作2天。
- 他每個月剩餘的28天，都是和Podcast無關的日子。

同步工作並非埋頭執行專案中常見的遞增、線性傳統方法，而是將工作濃縮成高度聚焦、高度影響力的策畫，甚至可以用非同步的方式完成工作。

工作同步與批次處理不同。有些人可以將工作批次處

理，又不必將工作和總體各項目的、優先事項或時間同步，但這讓他們無法比一般的工作日擁有更多可用時間或工作效率。有效的工作同步成果是，你可以產生更多的可用時間。然而，諷刺的是，許多將時間同步的人卻把多餘的空間（額外的自由時間）用來做更多工作；儘管如此，你選擇如何運用額外的時間，全都取決於你自己。

工作同步的策畫包括
選擇、設計、變更或調整你的工作來挪出空間，
讓你可以用想要的方式使用時間。

為了提高工作同步而策畫工作，

指的是有勇氣為你想要的事物設定界限，

讓你的工作變得足夠柔韌、可調整，

並且支持你的目的。

我透過遠端的方式完成工作。我將工作和各種時間刻度同步，把小型專案置入大型的總體專案中。舉例來說，當我出國旅行時，我會特別注意要透過工作同步來安排和其他人見面的時間。藉著在旅行中將工作同步，我通常可以在短短一週內見到工作上需要一整年才有機會見到的大多數人，

因而省下其餘51週的時間。有時候，我會藉著舉辦派對或堆疊優先考量事項，來讓這些差事變得有趣。

終結生產力的象徵

　　企業文化是99％的工作訊號傳遞（work signaling）加上1％的工作。

　　我曾經詢問許多高階主管，想知道他們對於我所謂的「工作上沒有生產力的生產力象徵」（例如在辦公室待到很晚來表示自己工作認真，但最好的表現明明就是按時完成工作）有什麼想法。

　　一位任職於財星100大公司的高階主管如此回答，令我大感驚訝：

> 我帶領一個大約180人的團隊，部屬通常會（直接或間接的）讓我知道他們加班多少小時，好確保我會覺得他們是工作勤奮的員工。我雖然欣賞全心投入、言出必行的人，但是我不認為這樣做代表員工有生產力或效率。他們不知道的是，其實我會自問下列兩個問題……他們是否動作太慢，無法勝任被指派的工作任務？或者，他們在應當尋求協助時卻沒有這麼做？

另一位高階主管則告訴我：

有人認為加班時間最長是一種榮譽勳章。但是我
告訴他們，要是誰敢讓這種事發生第二次，就會
被我解雇，因為這表示他們無法勝任自己的工
作。員工應該要知道，他們可以藉著減少工作時
間來重新拿回自己的生活，同時還能取悅老闆並
且更有生產力。

生產力的象徵就是露骨的圖謀不工作，但是表現得像
是工作勤奮的樣子。工作同步並非要你誤導別人或是玩弄辦
公室政治手段，贏得高階主管的歡心。道德權威必須靠真本
事贏得，而非透過形式給予。

**工作同步意味著你在最有用的時間做最有用的事情，
以產出最高價值的效用。**

在《深度工作力》（*Deep Work*）書中，作者卡爾・紐
波特（Cal Newport）研究華頓商學院教授暨暢銷書作家亞
當・格蘭特（Adam Grant）的工作流程。紐波特發現，格
蘭特「將教學工作堆疊集中在秋季學期，在這段期間他可
以把所有的注意力都放在教學上，並且學生也能聯絡得上
他……在春季與夏季學期，格蘭特則可以把注意力轉為放
在學術研究上，不受分心打擾的處理這些工作」。就本質而

言，如果你把工作排定優先順序、堆疊並同步，時間就能得到妥善的安排，如此一來你就可以把注意力轉移到需要的地方，減少分心的可能。

無論你從事什麼工作（或者如何改變你的職業性質），都應該發揮想像力來思考，在工作效率最高的時間工作，以保障你通往最終目的的自主權。

工作同步需要勇氣與創造力，但是你可以刻意努力的慢慢做出微小的改變，這種小改變會產生超乎預期的巨大影響。

當你有意識的決定什麼時候工作、要從事什麼工作的時候，就能發展出深刻、有意義的影響力，在你以及和你協調合作的人身上產生作用，也為依賴你的人提供幫助。

· ·

工作同步可以協調（並且彙整）你的各項專案，

在有價值的時間點回饋給你複合的報酬。

· ·

休息時間要做什麼

有時候我們會因為擁有額外或可利用的自由時間而感到內疚。

就許多方面而言，工業革命以及後續帶來的影響，甚至我們今天接受教育與受到評估的方式，都是經過刻意設

計，為了讓我們持續工作，並且在沒有工作的時候對時間感到焦慮。

- 後工業革命的生活意味著讓機器人做機器人該做的事，你應該專注在自己的人性上。
- 如果你不喜歡單調乏味的例行性勞力工作，那就做點別的事情。
- 寄望於幸福快樂，保持謙遜態度，不要去玩工作訊號傳遞的零和賽局（zero-sum game）。

有時候我們會覺得必須把每一天的每一秒都拿來做其他事情，於是在工作的時候想著回家，在家的時候又被工作壓力逼得喘不過氣。

時間翻轉和你想利用時間做的事究竟是對是錯
沒有關聯。翻轉是讓你在選擇範圍內
用更高的精準度進行創造。

有個術語是用來形容不喜歡在畫布上留白的藝術家。這個詞叫作「留白恐懼」（horror vacui），字面的意思是「對空白的恐懼」（a fear of emptiness），指的是「對留下空

白感到恐懼或厭惡,尤其指藝術作品」。這些藝術家覺得有必要「用細節填充空間或藝術品表面」的每一個地方。當你運用時間與工作同步來創造空間時,可以選擇想要的任何方式盡情運用它,無論是用來完成充滿個人熱忱的專案、職業上的精進追求、陪伴你深愛的人、「無所事事」,或者去做你想做的任何事都可以,這就是時間翻轉的美妙之處,可以讓你擁有更大的彈性。

終結幽靈踏步

「幽靈踏步」(ghost stepping)是我用來稱呼永遠不應該採行、又沒必要的步驟(幽靈步驟,ghost step),以及因此陷入困境、感受到鬼魅般幻影的痛苦(phantom pains),並過著「鬼魅般虛假的生活」(phantom life)的狀態。幽靈步驟最棒的地方是不必列出清單,因為當我們沒有和目標保持一致,也就是踏錯步的時候,就會直覺的知道自己弄出了一個幽靈步驟。

幽靈步驟會製造出錯誤不實的現實。

「我在事業上取得成功,但這是因為多年來的辛苦工作。」蜜雪兒・約根森博士(Dr. Michelle Jorgensen)說:「我犧牲家庭時間以及我的健康與睡眠等,一切都是為了某種獎勵。然而,當我拿到獎勵時,它似乎不像是獎勵。我很

擅長寫清單，而且是長長的清單！因為我認為掌控生活就是要這樣做。」蜜雪兒十分成功，可是她寫的清單卻創造出沒有必要的步驟，全部是幽靈步驟。

所以蜜雪兒後退一步，花時間來創造時間，她的做法是透過辨識出最終目的，然後將那份長長的清單上所有和最終目的不一致的事項排除、委任與外包出去。她刪掉幽靈清單，改為採用另一個做法，讓工作與生活完全和目的同步，進而取得更大的控制權來實現它們。

蜜雪兒理解到，她不必親自動手也可以完成所有的優先考量事項。她說：「我不必將這些事從我的生活中移除，可是我不必親自做這些事。這為我留出空間去做生活中強烈渴望的事，不必忙於生活中的雜務。」蜜雪兒透過移除幽靈步驟而得以更加關注自己的強烈渴望，並追求她原本沒時間去實現的事物。

事實上，約根森博士決定藉由不同的處理方式，去做她多年來一直想做的各種事務。她說：

> 我已經完成第三本書，接下來的兩個月內還會再完成兩本書。我擁有一個不斷成長的社交媒體平台，還正在籌辦一間烹飪學校。我有時間陪伴家人，還在家園裡建立一間教育中心，由家人協助我經營。我也幫助孩子實現夢想。在做這些事情

的同時，我仍然經營著以前那份同樣耗費心力的事業。我如何辦到這一切？因為我不是日以繼夜工作、追求成功，而是專注於生活，並且用心生活，不讓人生與我擦肩而過。我說這些的重點是……我比自己夢寐以求的狀態更成功。

鬼魅生活（以及相關的鬼魅痛苦）就是做一些你不必去做、但卻以為自己應該做的事，於是當你日以繼夜為了獲得成功而努力工作時，就讓人生擦肩而過了。但是，這並不表示你不能選擇要為了成功而日以繼夜努力工作，或是因為有必要而這麼做（視情況而異）。工作同步是在人生的各個階段，特別注意自己的工作方式，並且理解哪些事物才重要，或是找出不是以最終目的為依據的事物，再刻意進行工作同步。

蜜雪兒將最終目的和她的工作同步，因此能夠專注於工作、生活與生計，並將它們擴展到原本會消失的夢想上，它們原本會像幽靈一樣消失無蹤。

時間翻轉：目的優先於過程，
而不是過程優先於目的。

戰勝幽靈步驟

幽靈步驟可能是待辦清單，也可能是根本不需要完成的大型專案，或是介於這兩者之間的所有事物。

如果行動和目標一致，
「消耗時間」就不算是浪費。

時間管理上的幽靈步驟是，衡量要做的事物並且根據衡量結果來增加效率，但其實那些事物根本沒有必要完成。舉例來說，在可以動用挖土機的情況下還去測量某個人挖土的速度有多快，或者反而先理解到打從一開始就根本不需要挖洞，將會帶來非常不同的機會，可以用來確定什麼是步驟，以及哪些事物必須停止。你可以問問自己下列問題，來找出你在幽靈踏步上浪費掉的時間：

- 如果只有一個小時來完成工作，應該怎麼做？
- 如果每天只有一個小時可以工作，應該怎麼做？
- 如果每週只工作一個小時，應該怎麼做？

這些問題（雖然你可能認為它們不切實際）可以幫助你確認哪些才是真正需要完成的事、應該由誰去做，才能實現凌駕於立即目標之上的最終目標。

　　事實上，如果你從工作同步的視角來看待這些問題，可能會發現藉著適當的計畫、組織、調整和目標保持一致，你就能夠像創業家、建築師或設計師一樣思考。此時你最重要的角色是，確保自己採行的方法能有條不紊的運作，以不完全同步的方式獲得成功，而不必親自執行所有事。

　　要了解你的幽靈步驟在哪些部分帶給你鬼魅般的痛苦，讓你進入鬼魅般的人生，你可以問自己一個問題：「這項工作是否真的需要完成？」

　　在提出這個問題前，你可以先問的一個有效問題是：哪些任務、專案與角色和最終目的（城堡）一致、哪些不一致。再依此進行EDO、專案堆疊與工作同步（護城河）。

- -

你如何衡量未來的成功，

將大幅影響你今日所選擇的生活方式。

- -

工作同步，留下美好回憶

　　戴夫・洛威（Dave Lowell）是財務顧問，任職於一間傳統的財富管理公司，這間公司主要的業務是為客戶量身打造專屬的財務計畫。

　　戴夫每天早上見到孩子之後，要等到他們上床睡覺

前大約一個小時才有機會再見到他們。他的妻子克莉絲頓（Kirsten）夢想就讀護理學校並成為產科護理師，可是為了生孩子與輔助戴夫的生活，她被迫擱置夢想。戴夫意識到必須做出改變，但不知道有什麼方法可以讓他兼顧家庭與工作的排程。

戴夫碰上一個機會可以成為公司的合夥人，並坐擁公司股權與高薪。直到他針對這個機會進行「盡職調查」（due diligence），才恍然明白自己一直以來拚命努力工作追求的一切事物，還得再花十年的歲月才能取得。這意味著他依然無法有更多時間陪伴孩子，他與克莉絲頓還是無法打造出空間，讓她可以從事護理工作。戴夫看著他們的生活軌跡，意識到自己必須做出改變。於是他辭掉工作自行創業，並且尋求導師指導他找出實現夢想的方法。

如果一份專屬理財計畫無法創造富裕生活，那還有什麼用處？

戴夫學到，他能夠以自己想要的方式來打造商業模式，也能夠透過時間翻轉來滿足客戶與自己的需求，並藉著工作同步的原則來實踐夢想。戴夫表示：

我專心創造想要的生活方式，用商業模式包裹夢

想，而不是像以前那樣反其道而行。這麼做使我
得到解放，並且能夠立即打造想要的生活，不必
苦苦等候。我專注在線上創造價值，並販售給感
興趣的人，因此所有的客戶都會主動前來。現在
我過著夢想中的生活，連續兩年收入高達6位數，
而且每週只工作大約20個小時。克莉絲頓可以
修完全天制的護理學校課程，如今她已經通過護
理師證照考試，並且即將取得學士學位。比起以
往，我花了遠遠更多時間和孩子相處，我們可以
隨時去旅行。我和優秀的客戶合作，他們都很感
激我所做的一切。如果沒有時間翻轉的力量，我
永遠不可能以我的生活方式為中心來建立事業。

回首往事，戴夫回憶道：「當時我辭掉工作，因此帳面
上而言我的收入是零。這樣是不是很冒險？沒錯，但是我一
定得冒險。人生的進步不可能沒有風險。你必須把賭注押在
自己身上，賭注不一定是金錢方面的投資，也可能是時間或
精力。然而，投資內容『是什麼』比不上你相信自己能獲得
成果來得重要。請你讓這種投資改變自己。」

戴夫持續透過讓重要事項變得急迫來達到工作同步。
他說：「我最大的孩子已經十歲了，這讓我很害怕，因為這
表示再過八年他就大到可以離家獨立。我只剩下八年的時間

可以把所知道的一切教給他，我們只剩下八次足球賽季與八次籃球賽季、八次耶誕假期，還有八次暑假。這對我而言是一股巨大的動力，我不想把這幾年用來不停工作，錯過和他相處的時間。

你的工作與作為並不是用來判斷你有多少可用時間的關鍵指標。無論你是否喜歡自己的工作，你的工作方式會帶來不同的結果。工作同步可以帶來改變，這是一項值得關注的投資，能為你與你最關心的人提供更多時間與自主權。

不要為自己設下更大的時間陷阱

將任務與目標和時間與資源達成同步，可以排除許多從一開始就毫無用處的「幽靈步驟」。戴夫原本可能會為自己設下一個更大的時間陷阱。

生產力和你採取多少步驟或者工作多少個小時無關。在許多情況下，全心投入工作一小時與「例行工作」八小時能產出的成果完全相同。

- 與其年復一年忙進忙出，不如直接將工作時間和最有效率、最能好好利用的時刻同步，並且配合職場工作的截止日期、個人目標與最終目的。
- 優先在最需要優先處理的工作上創造出高度專注的

時間，相鄰的其他工作就不會形成阻礙，還可以讓
你在處理優先工作的過程中自然完成，或是因為沒
有必要存在而隨之消失。

● 將你的高度優先任務和每天、每週或每個月最適當
的時刻同步，你就能夠排除因為切換任務等行動而
造成的時間浪費。

● 仔細留意那些不斷重回你腦中的構想。那些被擱置
而死氣沉沉的構想就是幽靈，不僅會時時困擾你，
還會傷害你。

工作同步可以從內到外、從外到內挽救局面，
將你說你想做的事、你正在做的事，
以及你是誰之間的時間壓縮。

　重點是，假如你能夠全神貫注，在一天內處理完平日
五天的工作量，就可以省下四天並且翻轉時間。雖然並非所
有的工作都能縮短完成時間，但如果你把最優先的工作放在
第一位（而非放在最後），就能夠清除浪費時間的事物、排
除任務的切換，並且擴大你的精神綜合應對能力。工作同步
可以讓你立下決心、無縫接軌的消除干擾與浪費時間的根
源，在利害關係人之間建立起自信與團隊信心。

「時間與工作同步」的重點整理

　　你不必同時身在每一個地方，也可以一次就完成所有的事情。

- 不要等到「進入情況」才變得有生產力。拓寬你的領域，讓生產力在沒有你的情況下也能提高。（別讓生產力等你。）
- 在個人生活中，生產力與成功的產物，就是深思熟慮、懷抱動機的生活（這個句子倒著說也通。）。
- 懷抱動機的生活是一門藝術，就是在別人的選擇影響我們之前，先做出自己的選擇。
- 生產力的象徵不能帶來生產力。
- 訊號傳遞的成功並不代表成功。
- 獲得資源與機智運用資源是不同的兩件事。
- 將你的目標與你的價值觀同步，並將你的優先考量事項與懷抱目的的專案同步，如此一來將可創造時間，而不是耗費時間。
- 每個解決方案都會產生問題，要解決你的解決方案在未來會產生的問題。
- 一切都在掌控中。即使你認為自己已經失去控制權，也要透過適當調整和目的保持一致，以及支持優先考量事項來拿回控制權。

工作同步可以為你、你的構想、你的專案、以及你的夢想創造出一個合理的空間。在實現夢想的同時，利用工作同步幫助你更深思熟慮的提升工作效率，增加可用的時間。

這和走出舒適圈以達成目標無關。
這和拓展你的舒適圈，
大到讓你的目標可以舒適的融入其中有關。

工作同步

工作同步能精簡資源，讓你以你的時間為中心打造護城河。

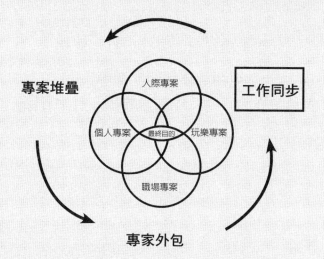

工作同步能幫助你以最終目的為根本進行最佳化，方法是將注意力集中在具有高價值的活動上，來減少任務切換、保障你的時間，讓你依據需求逐日、逐週或逐月調整專案（以及相關的任務、目標、角色）和目標保持一致。

1. 確認哪些工作最容易進行同步。
2. 將工作同步。選定你決定要進行同步的日期／時間，然後不要多加干涉。
3. 為你目前的工作以及四個最終目的專案計畫回頭進行這項活動。

4. 抵抗誘惑，避免質疑已經做完的工作，因為這麼做就像是打開烤箱檢查餅乾，只會讓烤箱的熱氣都跑光……請讓工作自己好好完成！

專家外包

06

專家外包

如何在不知道方法的情況下完成工作

> 如果你知道自己是什麼樣的人，
>
> 就會明白自己在哪些方面需要加強，
>
> 以及在哪些方面需要雇用比你優秀的人來做。
>
> —— 亞莉莎・科恩（Alisa Cohn）
>
> 執行教練、《從創業到成長》
>
> （*From Start-Up to Grown Up*）作者

舊金山地底下埋著船隻。

每天有成千上萬名乘客搭地鐵穿越過市場街（Market Street）附近一艘名為羅馬號（Rome）的三桅船卻毫不知情。「羅馬號於1850年初因淘金熱潮而來到舊金山，船上都是渴望發財、準備上山尋找黃金的淘金客，貨艙裡則裝滿艾爾啤酒與鹽醃豬肉。淘金熱將世界各地的人帶往加州，造就

當時美國歷史上最大規模的移民潮，也為加州帶來大量船隻。

舊金山灣很快就成為「船桅森林」。眾多船長與船員都忙著尋找黃金，船上帶來的貨物沒有機會上岸，於是政客決定透過販售水域來讓海岸線更接近船隻，水域出售條件是購買者願意填海。

詹姆斯・德爾加多（James Delgado）是美國國家海洋暨大氣總署（National Oceanic and Atmospheric Administration）的海洋考古學家，也是《淘金港》（Gold Rush Port）的作者。他說：「為了確保土地所有權，買家會在土地上興建不動產。這樣就可以把打樁機開上來，並且在房產周圍築起圍籬。然而，最簡單又最便宜的方式，只要一艘船就可以達到目的。」

舊金山國立海事歷史公園（San Francisco Maritime National Historical Park）園長理查・埃弗雷特（Richard Everett）解釋道：「如果你鑿沉自己的船，就可以把水面下方的土地當成打撈作業的一部分。」有一些船隻被「鑿沉」，是刻意在某定點上讓船沉沒；而狀態比較好的船隻則變成辦公室、飯店、酒吧、銀行、咖啡館、教堂或城市監獄。還有一些船隻被拆解成零件，另一些則被大火燒毀。

隨著時間經過，許多船隻是出於策略性目的而打造，並且覆蓋舊金山市的金融區或內河碼頭（Embarcadero）的地基。

雖然很少淘金客因黃金致富，因為真正發財的是販售鐵鍬（以及物資與服務）的人，不過善用謀略的船長可以靠著船隻獲得有價值的土地。

船隻就像專案，是因為某個目的而存在，直到沒有必要存在為止。

專案就像船隻，可以承載你想要的東西，你可以放下船錨來定位，也可以鑿沉、燒毀、重新設定它們的目的，或是以它們為基礎來打造其他事物。

但要注意的是：船隻並不是由船長打造，船長只負責讓船隻在海上航行。

你可以把所有的時間拿來打造船隻，或者讓船隻在海上航行，也可以同時做這兩件事；但是，要讓船隻在海上航行無須知道如何打造船隻，要打造船隻也無須知道如何游泳。事實上，奇怪的是許多水手根本不會游泳。

在生活與事業中，知道如何造船、航海與游泳都是好事，但是無所不知的人往往一事無成，因為領導者或充滿好奇的創新者都是活在未知的未來當中。

你不必為了尋找黃金而放棄你的船，因為有價值的東西可能早就已經在你的船上。然而，專案都有目的。當專案達成目的時，重要的是在接下來的步驟中採取反應，不要跟著船隻一起沉沒。

專家外包應該變成一種本能反應，當你把時間花在其

他更好的事情上，而導致船隻在碼頭邊動彈不得時，這種本能可以為你創造出時間。

不自重的人有一個明顯的表現，就是明明某件事更值得花費時間與精力執行，卻持續執著於一直做另一件事，尤其當事人已經清楚意識到這一點。

專家外包看起來就像下列圖示（不同圖形代表不同的任務）：

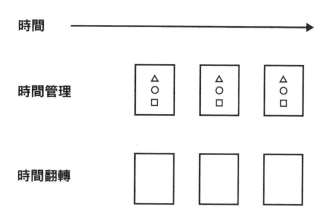

專家外包可以造福他人的生活

專家外包就是聚集專家，諮詢他們的意見或者執行專案中的各種要素，進而消除摩擦並提高成果的過程。

找工作就是把你的自由外包給 1 個老闆，
但創業是把你的自由外包給 100 個老闆。

　　時間翻轉者不會用一份工作換取另一份工作，因為這麼做無法解放時間，只會帶來新的問題。你不必用自由來換取工作，你可以保有自由，以不同的方式完成工作。

　　時間翻轉者不會為了成為管理者而將工作外包，這麼做會引發一場自我放縱的惡夢。每一個超級惡棍最終都會變成自己的剋星。

　　時間翻轉者會以彼此受益的方式利用專家的才能。專家就是能夠做得比你更好、更快甚至花更少成本來完成工作的人，因此你不必對專家進行微觀管理。

　　以下是專家外包的運作方式：

- **時間翻轉者**為明確的結果設定截止日期。
- **專家**提供服務、軟體、產品或其他資源來實現目標。這些專家會
  - 提供他們同意交付的成果。
  - 在約定的日期交付成果。
  - 以雙方同意的財務金額來提供成果。
  - 無須監督也能提供結果，因為他們是專家。

現今，人才到處都是，他們都在尋找獨立生活的方法。你可以透過專業人才商務（expert commerce）來支持全世界的人才。

專家外包是一種強大的方法，可以取回你的時間、改革生活與獲得成果的方式。事實上，在專家的協助下，你的工作成果會比自己做更好，**而且前提是你真的有辦法自己完成工作。**

不要虛耗掉你一半的人生

什麼時候應該進行專家外包？

答案取決於你，但是下面這個問題可以為你指引方向：

我用時間換到什麼？

如果你把時間用在其他事情上會更好，而且無論你如何定義什麼才是更好都沒關係，為什麼不把工作外包給專家呢？外包給專家後你拿回的每一分鐘，都讓你有機會恢復狀況，把時間花在最具有價值、最棒的事物上。專家外包不僅給你時間，還能夠在工作塞滿你的腦袋時，從現有的時間與精力當中賦予你情感的力量與心靈的空間。

不要把時間花在不需要你的事情上，
因而虛耗掉一半的人生。

生活與事業的機會成本不斷增加是因為，有許多事你以為需要親自花時間與精力去完成，其實根本不需要你費心。你每天所做的事會呈現出你的生活方式，但這可以藉由不需經過你而完成的事情來加以改善。

. . . .

如果由專家為你代勞，

你能完成哪些事？

. . . .

避免自己培訓專家

以下是傳統式外包會遇上的挫折：

- 太多雇主在試著將工作外包出去時會故意選擇相對缺乏經驗的人，但那些人需要培訓與管理。然而明明就有現成的專家可供選擇。
- 選擇以一個時間陷阱取代另一個時間陷阱，會讓你面臨比一開始更困難且更耗時的工作，而無法達成零工作的目標。

- 這可能會導致雇主陷入必須耗費兩倍的時間與努力，直到雇主領悟到由自己親自做這項工作會更好。

這種需要培訓的外包流程會讓雇主與受雇人都感到挫折。培訓新員工需要時間與場地，然而，在進行專家外包時，你會反而希望和可以培訓你的人共事。雇用一個已經花費多年時間與大量金錢去學習如何完成任務、而且知道如何做得比你更好的人，他可以即刻為你提供幫助並節省時間，無須再經過花費昂貴的培訓。

放棄親自操作，又能持續對成果保有控制

專家外包解決方案：

- 如果處理得當，專家可以比其他替代方案更快、更好、**更便宜**的完成工作。
- **更便宜**？更便宜並不是目標，通常也不是最好的構想。不過，沒有錯，外包給專家會更便宜。
- 你在自由接案者的公開市場中設定價格，他們可能會接受開價，或者和你協商，直到雙方談妥價格。
- 如果你只能負擔一定的金額，可以在線上市場提出，看看是否有專家願意接案。

- 專家會和你協商，直到報酬達到他們可以接受的合理金額。

- 當你從專家那邊拿回作品（根據你和專家合作的方式而異），你可以根據需求來變更、修改、編輯，或者把作品送回請專家更新。

- 當你學得專家外包的技巧，並且有效的加以應用時，你不僅可以獲得很棒的成果，而且成果會出乎你的預料。

- 如果做得正確，專家外包可以為你省下大量的時間與精力。

請成為自己人生的導演。

你不需要自己做完所有的事。史蒂芬・史匹柏（Steven Spielberg）也不會自己剪輯影片，因為麥可・康恩（Michael Kahn）會做。在某場頒獎典禮上，史匹柏頒發電影剪輯師成就獎給麥可・康恩時說：「電影製作就是這樣從一項工藝變成一門藝術。」透過專家外包的方式，不斷將你的作品從一項工藝變成一門藝術，你的生活就會變得井然有序。

專家外包能夠讓你再次感覺到你更像自己。

專家熱愛工作

我的父母親教過我一種譬喻：如果你自己不願意挖洞，就不要叫別人挖洞。我一直遵循這項原則生活。

當你將工作外包給專家時，並不是把垃圾丟給別人。許多你不想做的事情，其他人可能會很喜愛，而且原因相當多元。有很多事是你沒辦法做、不去做或者不想做，因為你只擅長起頭但沒有能力完成，或者你只擅長把事情做得更好，但卻不懂得如何開始。有人可以助你一臂之力。你可能是藝術家，但不懂得做生意；或者你是生意人，但是需要創意人。合作可以帶來無窮無盡的機會與祝福，創造性的合作就是這樣發生，人們可以和諧、公平、愉快的一起工作，為了共同的目的而努力，並且有充分的自由選項來決定如何運用自己的時間。

當然，這些目標的設定、執行與合作都是為了達成更偉大的目的，也就是對世界產生深遠廣泛的長久影響，並讓你成為想成為的人。地球上有數十億人口，難道你不相信有人願意以你能夠負擔的價格提供幫助，而且這麼做也會對他們有價值嗎？尤其，如果你需要十週（時間或心力）才能完成的事，難道世界上不會有人只花十個小時或一個小時就能做完？

歡迎來到21世紀，在這個世界裡，很多人想要從事遠端工作，他們想要工作可以轉變為大量專案、眾人共同合

作，還能為所有參與者提供自由、自主權與選擇！

- 專家外包可以為專案的創作者，也就是專案的建築師與營造商，共同創造出如何運用方法、空間與時間的自由。
- 專家外包為專案的發明者與機械工創造自由，可以選擇適合他們生活方式的專案。

　　和任何才能相比，沒有多少技巧比專家外包更能夠為雇主與受雇者提供最多價值、自由、時間、機動性與幸福感，因為這涉及兩個或兩個以上角色對等的人，將他們不同的才能與專業知識搬上檯面，並且在各自感到舒適愉悅的能力範圍中施展魔法。

**假如你建構起遠大夢想卻不知道應該怎麼做，
就盡量交給專家去做。**

打造快閃團隊

　　快閃團隊是一支夢幻隊伍，由一群具備各種能力且角色對等的人齊聚一堂，讓你的價值呈現在由你展開的專案中。快閃團隊來來去去，就像拍攝電影的團隊一樣，會依據不同的場景與拍攝地點變換。有了快閃團隊，你可以快速建

構並完成複雜的工作，也無需許諾長期合作，除非你需要他們。快閃團隊是測試事物的好方法，同時又可以在有限的時間內將工作完成。

多年來，我的公司藉著和快閃團隊合作，在世界各地創造數以千計的工作機會，並且製造出數百種不同的實體商品。大型公司藉由外包的形式，讓你、我都有機會以專家的身分為他們服務。眾包（crowdsourcing）可以將龐大的工作分割成100項小任務，再分配給100個人去做，因此比起自己動手做，眾包只需要1%的時間，甚至可以更快完成。

如果將專案比喻為硬幣，自由接案者就是專案的另外一面。從許多方面來看，在各種工作交流當中，你與我既是將工作外包出去的人，也是承接外包工作的人。無論身為哪一方，專家外包都是慷慨助人、獎勵人才、創造工作轉變，以及從你的價值觀採取行動來立即完成工作的好方法。而且，你不需要知道如何靠自己完成所有事情。

不要成為瓶頸

如果你曾經認為自己做不到某些事，現在你已經知道自己可以做到。 你可以自信的擁有自己的時間、專案與工作，不會成為阻礙自己進步的瓶頸，也無須犧牲創造力或工作品質。

已經做好準備並願意提供專業知識的專家，可能是創業家、高階主管與企業員工等人可以企及、卻最未充分利用的資源。與其在每一項新專案中重新創造舵輪，還不如找專家來幫忙。如果你願意，可以負責指揮由專家、事件與流程共同演奏的交響曲。沒有任何藉口。

當你明白自己可以成為從沒想過能成為的人，
自由之聲就會響起。

從專案堆疊到工作同步再到專家外包的案例

販售墨西哥薄餅。拉瑪・伊尼斯（Lamar Innes）的心情很低落。從表面上看來，他似乎擁有一切：他有四個孩子和很棒的妻子雀兒喜（Chelsea）。他做了別人告訴他應該要做的每一件事。然而，大學畢業後，他在第一份工作中就已經感到無聊、崩潰、毫無熱情。他每天工作16個小時，整個人筋疲力竭，還得擔心付不出帳單，而且沒有時間陪伴家人。

拉瑪想要掌控自己的時間、做有意義的事情，並且陪伴家人。當拉瑪敞開眼界發現他可以控制自己的時間之後，就開始以不同的角度看待事物。他不知道該怎麼做，可是他明白只要多加留心，事情一定會有轉圜。

拉瑪說：「我愈專注且愈努力拿回時間，就愈清楚看出

其實自己可以做到任何事。我要每天都做喜歡做的事，但是要用不會自找麻煩的方式去做。我意識到自己非常喜歡食物，也意識到自己童年時期被寵壞了，因為我們家每年夏天都會去墨西哥索諾拉州的岩岬市（Rocky Point, Sonora）享用全世界最美味的墨西哥麵粉薄餅。因此當下我就想通了，並且馬上著手行動。」

拉瑪前往墨西哥一間墨西哥薄餅工廠，並且在那裡和巴勃羅（Pablo）見面。拉瑪告訴巴勃羅他們生產的墨西哥薄餅是他吃過最好吃的墨西哥薄餅，他想要協助他們賣出更多墨西哥薄餅。不到一週，拉瑪就和巴勃羅達成互惠協定。「墨西哥薄餅家族」（Tortilla Familia）的事業就此誕生，業務是銷售來自墨西哥的新鮮墨西哥薄餅，直接配送到喜歡吃墨西哥薄餅的客戶家中。

「我想藉著最有效率的運送方法，讓家家戶戶吃得到最美味的墨西哥薄餅，」拉瑪表示。

> 這門生意持續成長，於是我辭掉白天的工作，開始讓孩子在家裡自學。我實現夢想，擁有自己的時間，也為世界各地的家庭提供價值，同時還能和孩子共度美好時光。我們在網路上銷售墨西哥薄餅已經4年了，我們將墨西哥薄餅配送到全美國50個州，每個月固定有數千名忠實顧客訂購。

最棒的部分是，巴勃羅已經成為我的好友，在疫情期間仍然讓我們這項家庭事業蓬勃發展。同樣的，巴勃羅也表示，我們的合作關係能夠幫忙照顧他25名以上員工的生計，在疫情期間不受影響，持續餵飽墨西哥當地與其他國家員工的家庭。

透過專家外包的力量，巴勃羅得以支援拉瑪與雀兒喜的家庭，拉瑪與雀兒喜也能夠支援巴勃羅的生意，並且為雙方擴展事業的可能性、收入與時間。

上傳Podcast。我在前一章提到Podcast主持人約翰・李・杜馬斯每個月只錄音兩次，然而每天剪輯、上傳與發表這30段Podcast也是相當繁重的工作。所以，他將這些工作外包給專家，這是他創立的系統（或者說是護城河）當中的一環，讓他得以簡化所有的工作、從聖地牙哥搬到波多黎各，並且在環遊世界時依然能夠根據最終目的過生活。

印刷與販售日誌。我到約翰大受歡迎的Podcast節目作客之後，他問我能不能協助他開發實體商品。我替他打造的其中一項商品是帶來數百萬美元營收的日誌。我們在海外生產，然後運送到位於美國的倉庫後才發貨。人們從他的Podcast節目中聽聞這些日誌，但也有不少人是在網路上透過推薦而得知他的日誌。這是一個完美的範例，清楚展現出專案堆疊、工作同步與專家外包如何共存共榮，創造出豐沛

的空閒時間、不受限制的工作地點、工作機動性，以及生產力與財富。

製造商品與經營供應鏈。同樣的，在名人的案例當中，德威恩・強森並沒有親手打造專案彙整的商品，而是將生產製造、供應鏈與事業經營全都外包給專家。他不必親自將鞋帶繫到運動鞋上、不必自己包裝瓶瓶罐罐，也不必每天郵寄訂單。他的專案由他開始、也由他結束，他的合作夥伴與其他參與者則是利害關係人。他的事業是為了擴展生意而打造，因此可以在自己不在場的情況下持續運作。他可以選擇出現在電影大螢幕前（除非是拍攝替身上陣的鏡頭）；或者，如果他願意，也可以選擇去打包客戶訂購的商品。他的選擇取決於他如何將時間運用在最具價值、最有效的地方。毫無疑問，他會是所有人當中工作最認真的人，**而且**他會依據自己的目標與角色來選擇要執行哪些任務。在完成工作的同時，他也分享了關愛。

產品創造與原型設計。派特・弗林（Pat Flynn）與凱勒伯・沃西克（Caleb Wojcik）花了兩年的時間，先設計原型並且請影像創作者提供回饋，再以眾包的方式生產出第一批SwitchPod產品。當初他們帶著這個構想來找我時，腦中只有概念，但是完全不知道應該如何執行。

派特與凱勒伯將他們的構想外包給專家執行，由我們PROUDUCT的專家團隊落實構想中的細節。「我們不是在

世界各地都設有辦公室的大型公司，」他們表示：「我們只是兩名影像創作者，對於進行拍攝時可供選擇的相機腳架感到不滿。」事實上，他們是透過眾包方式募得資金來投入生產。「我們在12小時內就成功募得10萬美元的資金，在活動期間更籌募到超過41萬5,000美元，並且在6個月後就開始將商品寄送給數千名顧客。」當你有專家幫忙時，工作就會變得很輕鬆。

丹‧蘇利文（Dan Sullivan）與班傑明‧哈迪博士在他們合著的《找對人做而不是找方法做》（*Who Not How*）中教導我們：「如果你身旁有一群人可以幫助你實現目標（同時你也能幫助他們實現目標），這樣的狀況如何？當我們想完成某件事的時候，我們已經被訓練得要先問自己：『我應該怎麼做？』嗯，其實你有一個更好的問題可以問。這個問題可以開啟一個輕鬆又能帶來成就的新世界。策略教練丹‧蘇利文知道應該改問什麼問題，那就是：**『誰能夠為我做這件事？』**」

策畫你的人生

帝法恩‧馬格雷（Thiefaine Magré）是我在PROUDUCT的事業夥伴暨營運長，他是來自法國的移民，會說流利的法語、英語與中文；他的妻子瑪茹亞（Maruia）來自大溪地。

他們的時間都花在照顧年紀尚小的孩子、環遊世界，以及在猶他州（Utah）南部與大溪地生活。帝法恩負責監督來自各種產業的數百種商品，並管理從創意發想到履行訂單合約的供應鏈。透過遠端模式，他得以完成世界各地的工作。

他如何辦到？

帝法恩應該沒有時間過自己喜歡的生活，和他同樣在供應鏈任職的人，工作之餘肯定沒有太多個人生活可言。帝法恩利用專家外包的力量來輔助自身的專業知識，做法是透過和快閃團隊合作，並且以職場目的的專案為中心，將多位專家召集在一起。

帝法恩解釋：

> 身為企業領導人或創業家，我們很難將主控權交給另一個人或另一間公司。能夠承認自己的弱點並且將工作外包給可以勝任的服務供應者、供應商或員工是一種強大的優勢，也是成功的必要公式。你必須決定自己想要做什麼，以及應該把哪些東西分出去。
>
> 　保持經營精簡、管理為你擔負重任的供應商，都需要極大的智慧。這可以賦予你能力，讓你繼續專注在自己最擅長的事。當你確定好要外包出去的工作後，就打造一張供應商濾網，先定義你想要找

的供應商特質，也就是能力、可得性（availability）
與人際關係，再進行篩選。有了這張濾網，你就可
以開始尋找潛在的供應商，用你的濾網加以篩檢，
最後就可以找出一小群能為你服務的潛在供應商。
這是一帖取得成功的冒險祕方！只做自己最擅長的
事，把其餘的工作外包出去。

藉由為你的工作方式努力取得時間解決方案，
成為你生活方式的管理者。

你是接案的專家嗎？當人們最後發現自己的職責就是
執行別人外包出來的工作時，狀況會變得很奇怪。如果你喜
歡擔任接案的專家，就不必採用專家外包的做法。

職業棒球投手不會把投球的工作外包出去，因為他們
是投手。然而在必要的時候，可能會需要由候補投手、代跑
者或代打者來代替他們，這就是將工作同步與專家外包堆疊
起來。

如果你是一名電視節目主持人，根本沒有自己的時間，
因為你選擇的生活方式必須留意每日突發新聞引發的緊急狀
況。當然，你可以把工作的各個部分都外包出去，但如果這
份工作需要你露臉，你要不就是喜歡這部分的工作，不然就

是不喜歡。在許多情況下，你就是包下這份工作的專家。

不要把你喜歡做與想做的部分外包出去。如果你因為這份工作和你周遭的環境不符而不再喜歡這份工作，那麼你可以檢視權衡取捨，做出符合你對未來最終目的新認知的決定。

人生中最酷的事情就是你可以做出不同的選擇：你要繼續做你正在做的事情嗎、或是想要策略性的選擇退出，還是以另外一種方式得到結果？

你的新事業流程。當你將工作方式從時間管理轉變為反時間管理時，你會發現自己創造愈來愈多可利用時間的機會。時間翻轉是一種可以習得的技能組合，如果你不想做某件工作或者不知道該怎麼做……就將它排除、委任、外包出去吧。擴展你全新的時間能力以符合你的目的與優先考量事項，創造出時間翻轉流程的專案。流程會跟隨著目的。

●●

跟著目的走。

●●

你可以以跑者的身分持續待在人生的競賽中，但是不斷的跑步無法讓你把時間留給坐在看台上為你加油的摯愛。有時候你能做的、最具有價值的事，就是把賽跑變成接力賽跑，並且交出接力棒。

我常聽別人說，當他們決定放慢腳步後，人生就發生

了變化。他們的配偶會因此鬆了一口氣的說：「我已經等了12年。」

　　身為時間**翻轉**者，無論你放慢速度或者加快速度都無關緊要。當你**翻轉**時間時，就能夠完成工作並且確定優先考量事項，不會浪費時間在不重要的事情上。如果你不喜歡自己選擇的事情，就選擇你的出路。

> 如果讓專家為你完成工作，
> 你會擁有多少時間？

　　建構自己的專家模型。自從我的小舅子蓋文和我兒子小蓋文去世之後，創造時間一直是我在事業上的焦點，我採用「蓋文定律」，為開始而活，開始過生活。我曾經很難向別人解釋我在做什麼，因為專案堆疊非常多樣化，因此我的行徑聽起來很瘋狂。不過對我而言，我創立的所有事業只有一個目標：把時間還給人們。

　　下列是我堆疊過和時間有關的一些專家目的專案。

　　我的創業家客戶想要製造實體產品，但這麼做會占用他們所有的時間。於是，我創造出一項服務，透過建構專家模型來把時間還給他們。

　　我的創意產業客戶想要製作影片，可是剪輯影片會占

據他們的生活。於是，我創造出一項服務，透過建構專家模型來把時間還給他們。

　　我的高階主管客戶希望解決方案可以讓他們「開始做蠢事」，同時又能夠和家人共度時光並且環遊世界。於是，我創造出各種服務，教導他們如何透過建構自己的專家模型來達成上述目標。

　　這些事業就像三根重要的桌腳，構成時間的專家「專案三腳桌」，讓我的客戶拿回時間、和我彼此互補，並且釋放我的時間、現金流與工作地點自主權。

　　怎麼做？

　　這些獨立的事業就是專案堆疊，包括實體產品、數位產品、知識型產品與服務等多種形式。這些專案的首要目的（時間）具有一種強制功能，可以創造出創新的目的生態系統。這些專案藉著專案堆疊、工作同步與專家外包讓**相互依存的優先考量事項**圍繞著最終目的運作，提供增加時間的方法、流程與成長空間，而且無論哪種產品或服務都一樣。

　　時間翻轉者建構專案的方式可以增加個人自由，並且準時、熟練的提供職場表現，也就是激發最佳的生產力。有些人稱這種工作方式的成果為終極的「工作與生活平衡」，但時間翻轉者將這種流程稱為「又一天不必待在辦公室」。

　　時間翻轉專案可以讓你空出個人時間，並且在「城堡」（你的四個目的，或最終目的）周圍建立策略與經濟護城

河。你可以透過明智的和專家合作來選擇自己想做的事、得到專業的成果，並且擁有大量的時間。專家都很**想要**做這些工作，並且感激能擁有這些機會。

「專家外包」的重點整理

你做某件事的能力和你做那件事的責任並不相關（除非它們真的互有關連）。

- 專家外包的時間翻轉方法必須結合適當的框架、測試、信任，以及責任移轉以獲得轉換與互惠的體驗。
- 專家外包可以幫助你將任務與活動排除、委任、外包出去，換得高度成長。
- 時間翻轉的專家外包並不是以每小時的工作量或微觀管理來看待。
- 專家外包是以價值與成果為基礎來工作，讓人們將自身的才能發揮到最大限度，並且在無須監督的情況下於截止日期前完成工作。
- 快閃團隊的功能在於，在有限的時間框架內完成專家合作的工作。
- 專家外包可以滋養互惠互利的生態系統，並且為各方創造自由、金錢與時間。

- 專家無須培訓。
- 專家都想接工作，而且感謝有機會工作。
- 不要讓自己成為妨礙進步的瓶頸。
- 放下自我，開始和專家合作。
- 建構專家模型以找回你的時間，同時還能獲得專業的成果。

　　我們都有不同的生活經歷、職業與夢想，也有各自獨特的視角、限制與生活方式。務實一點，不要低估自己以創意控制時間的能力，對於能讓你更加愉快的機會要說「好」，並且在指揮你不想做的工作（而非親自去做）時取回你的人生；這才是真正務實的做法。

將你的工作外包給專家

專家外包可以協助你完成所有工作，就算你「沒有時間」、「不知道該怎麼做」都沒關係，全都不是藉口。

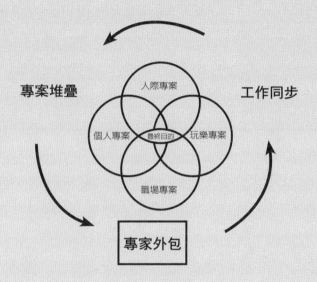

專案堆疊　　　人際專案　　　工作同步

個人專案　最終目的　玩樂專案

職場專案

專家外包

1. 完成你的時間翻轉 4P 以及你已經確認要做的任務與行動。
2. 確認清單，找出需要委任或外包出去的工作。
3. 在你計畫要委任或外包出去的項目旁邊列上日期（如果你還沒有處理）。
4. 除此之外，再次檢視任務，並問自己交由其他人來做是否會做得更好（即使是你喜歡、想做，而且擅長的任務也不例外）。如果你將流程也委任或外包出去，狀況會如何？為你打算外包出去的任務訂定一個不那麼嚴謹的日期，當成一種心理遊戲的行動，讓自己敞開心胸接受新的可能

性。是的，我的意思是，無論你是員工、高階主管或者創業家，都應該這麼做。

5. 運用你在本章學到的原則，將可以交由其他人完成或你不想親自去做的任務委任出去，因為這些不是你發揮最大效用與最高價值的任務。透過時間翻轉的委任來釋放你的心智與時間，從一次處理一項開始，並建立你對委任這種做法的信任。

6. 重複上述步驟。

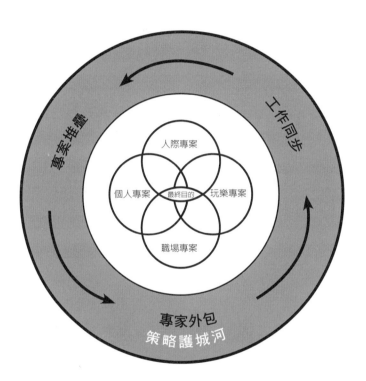

第 3 部
報酬

不要把夢想變成工作

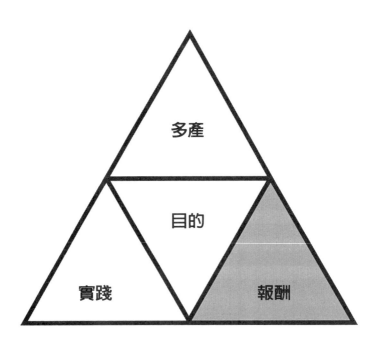

不要把夢想變成工作。

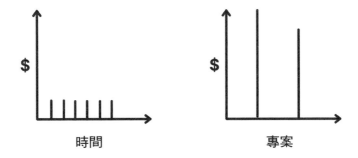

時間　　　　　　　　專案

改變得到報酬的方式，改變你的生活。

07

改變得到報酬的方式，
改變你的生活

如何打造經濟護城河

致富的藝術不在於產業，更不在於儲蓄，

而在於更好的秩序，在於不受時間影響，

在於身處正確的位置。

—— 拉爾夫・沃爾多・愛默生（Ralph Waldo Emerson）

蘿拉・維克（Laura Wieck）說自己是一個「有生育問題的倦怠按摩治療師」。

她試著要找到一種方法，可以不必用時間換取金錢。她說：「最好的按摩治療師往往要在客戶身上付出額外的時間（而且通常是免費的），還要為客戶提供工具與資源，並且以自然的直覺能力協助客戶，將他們身體的狀況和生活中發生的事件『連結起來』。」她希望幫助按摩治療師在事業

上更舒適、自由,而她認為「這一點在『以時間換取金錢』的工作架構中永遠無法達成」。

她問自己能否教導按摩治療師,透過她所謂的「身體心靈法」(BodyMind Method©)將教練服務融入實務。按摩治療師是否能夠擁有一套框架,不只可以減少工作量、增加收入,同時還能幫助客戶獲得更佳的成效?

自從蘿拉開始推行「身體心靈教練課程」(BodyMind Coaching Program),數百名按摩治療師與整體醫學(holistic medicine)醫師都已經採行這套方法,並改變他們獲得報酬的方式(他們現在提供價格從1,500美元到超過1萬美元的身體心靈教練課程,而不是收費100美元的單次治療)。他們還經常分享客戶的人生因為這種新的架構而產生哪些變化。

蘿拉是這樣描述的:

> 對我而言,這個「愚蠢」的構想幫助我與丈夫負擔四次以失敗告終的生育治療療程,並且得以收養我們的兒子詹姆斯(James)。最重要的是,我不必再被客戶占滿時間、整天筋疲力盡,而是成為我想要成為的那種母親。身體心靈教練課程持續成長,再加上在疫情肆虐期間,按摩治療師都忙著尋找不必面對面、親自進行治療的工作方式。是你幫助我檢視流程中有哪些自找麻煩的不

必要步驟，並且著眼於可以擴展的簡單事項。

她繼續說道：「在那段時間裡，我的月收入第一次達到10萬美元，緊接著又是第一次讓月收入達到20萬美元。改變獲得報酬的方式不僅改變我的生活，也改變許多清楚了解自己需求的按摩治療師與整體醫學醫師的生活。

不要把自己放進盒子裡

漢斯・克里斯提安・安徒生（Hans Christian Andersen）每晚睡覺前會在桌上放一張紙條，上面寫著：「我只是看起來像死了」，因為他害怕自己被活埋。

這位寫下《醜小鴨》（*The Ugly Duckling*）、《國王的新衣》（*The Emperor's New Clothes*）、《豌豆公主》（*The Princess and the Pea*）、《小美人魚》（*The Little Mermaid*）、《拇指姑娘》（*Thumberlina*）與《冰雪女王》（*The Snow Queen*）的丹麥作家安徒生，很清楚活著並活得有意義的重要性，就連看起來像是死透了的時候也一樣。據說他筆下的角色與他們的絕望處境，其實反映出他的自身心境，以及曾經受過的創傷。

安徒生的許多篇童話故事告訴我們，儘管面對重重困難，我們依然有轉變的可能，而且我們的人生本質也可以改

變。安徒生說：「生命本身就是最美妙的童話。」我們的抱負、掙扎、痛苦塑造了我們；**而我們獲得報酬的方式也同樣塑造了我們**。你可以改變自己獲得報酬的方式，並且改變你的生活。

我總是在做不同的事情。像安徒生一樣，因為我不想被放進盒子裡。

在我死之前，請不要把我放進盒子裡。

你可以改變，你可以用不同的方式賺錢。你可以保留你的工作（也可以不要）。

追根究柢，你所做的一切到底是為了什麼？你願意現在就把這個目標放在第一位，也就是在你改變獲得報酬的方式之前，把你的目標放在人生的中心，並且以它為中心創造出可以支持它的工作嗎？

- 也許你目前的工作狀況並不如你想像的那麼糟糕。
- 也許你看不見自己的驕傲，而人們在工作上告訴你的事不符合你的最佳利益，他們只是為了保護並提升自己而將你犧牲。
- 也許工作上有一些讓你輾轉難眠的芝麻綠豆小事，只是有人在偷偷測試你，看你能不能勝任工作。

- 也許你正處於人生的過渡期，想要徹底轉換工作跑道，從某個行業跳到另一個行業。就像是魚兒離開了水，但是你會長出新的雙腿。
- 也許你認為自己十分渺小，無法克服巨大的工作障礙，但是你想要誠實面對自己，將眼光放遠，讓自己成長。
- 也許你太憤世嫉俗、太冷漠、在工作上對自己太苛刻。你需要擁抱童心，看見人生美麗的一面，並且愛護周遭的人。

正如安徒生所言：「僅僅活著還不夠……一個人必須擁有陽光、自由與一點點鮮花。」而且「我們有充分的時間準備死亡。」

時間翻轉者專注於創造在時間與金錢方面
都能帶來紅利的價值。

如果你能夠以理想中運用時間的方式寫出人生的下一個篇章，那會如何？

如果你改變獲得報酬的方式，會變得多麼自主？

以最終目的為中心打造經濟護城河

　　從歷史的角度來看，工作會因為我們住在**哪裡**而被限制，而且工作也會決定我們**什麼時候**可以把時間運用在個人的追求或活動上，例如陪伴家人、旅行或發展嗜好。在過去或較為傳統的工作中，我們必須打卡，並且在特定的時間、特定的地點工作。但是如今，你在哪裡工作、什麼時候工作都已經有更大的彈性。

　　你如何獲得報酬，代表你從事哪些活動而獲得報酬，以及你必須親自待在哪一個地方來提供工作成果，**這些都將決定你的生活方式**。

- 你獲得報酬的方式是一股約束的力量，將會限制你的方向，或是讓你可以和最終目的保持一致。
- 如果你珍惜時間，生活就會符合你的價值觀。
- 你獲得報酬的方式會決定你的自主權；夢想的功用就是放你自由。

　　改變獲得報酬的方式，以打造經濟護城河來保護你理想的生活方式、增加可以運用的時間，並且擴展機動性。

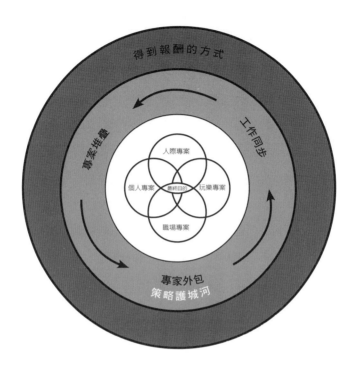

讓優先考量事項、
專案與報酬保持目標一致

拿回你的權力。當你需要時間、注意力，以及和目標保持一致，才能享受工作帶來好處，而你獲得報酬的方式沒有考量到這些條件，你的價值觀就難以實現。

請在一天結束前問自己：

- 我創造出什麼樣的環境氛圍？

- 我的生活是否符合我的價值觀？
- 我是否帶著動機要活得堅強、有成效？

打造經濟護城河。對<u>時間翻轉者</u>而言，當你認為有意義的職場工作可以支持你、提升你的能力讓你享受更多時間與自主權，進而實現你的價值觀時，經濟護城河就完成了。

改變你對工作的看法以及獲得報酬的方式
可能違反你幾乎所有的直覺反應，
但卻能讓你獲得更多機會。

如果我們從不同角度來思考這個問題，會怎麼樣呢？
如果我們不先試著解決現有的貧困問題，
而是專心創造長長久久的繁榮，
會有什麼樣的結果？
我們可能需要一種違反直覺的方式來看待經濟發展，
但是這能讓你看見你從未預期的機會。
—— 克雷頓・克里斯汀生（Clayton Christensen）

改變獲得報酬的方式，改變人生的案例
案例1：攝影師

有一位成功的攝影師正試圖解決在寒冬期間沒有工作的問題。她希望能發揮創造力並安排好時間，以便在拍攝工作減少時依然有收入持續進帳。

在討論她的工作流程、夢想與未來後，很顯然，她被困在一種商業模式中，讓她沒辦法挪出空間過理想的生活。她需要修改工作與生活的策略，因為她的本領與抱負遠遠超出現況。我建議她幾種做法，讓她除了發展目前的事業之外，還可以依照夢想投入新的工作類型。

她沒有發揮出最大的潛力，因為她沒有把最終目的放在第一位。她的事業在某些方面占用太多時間，以致於沒有時間做想做的事。我們將她的商業模式從任務為本轉到價值導向，並將她的夢想放在中心。因此，她的人生出現變化。

她確認自己的個人、職場、人際與玩樂優先考量事項，可以支持她期望的目的、生活方式以及對世界做出的貢獻。然後，她以這些目標為中心打造專案。經過幾個月的時間去學習並執行時間翻轉原則，她發展出可以帶來收入的專案，這些專案讓她能夠更充分的發揮熱情與天賦。她發現自己喜歡教書，於是開發出為創意人員而設計的線上課程。事實上，她現在經營著一份年收入超過百萬美元的線上教育事

業，還不必犧牲和家人一起旅行的時間。她優先考量自己的目標，並以最終目的為中心打造專案。

從價值觀（最終目的）轉變為運作價值觀（策略護城河），再轉向以有價值的方式獲得報酬（經濟護城河），這樣的做法和傳統的目標設定與時間管理方式完全相反。

時間管理：
找工作→住在工作地點當地→擁有兩週有薪假期

相反的地方在於，傳統的時間管理與生活管理是以工作報酬為核心，來決定你在哪裡生活以及如何生活，也會決定你什麼時候能夠實現個人目標。

時間翻轉：
價值觀→選擇想要的生活方式→選擇獲得報酬的方式

透過職場工作來創造個人時間是一種選擇，而不是一條時間軸。把你的價值觀放在人生的中心，並且依據由此產生的價值來獲得報酬，而不是仰賴你花在價值觀上的時間多寡來獲得報酬。這是許多人已經非常熟悉的選項，然而經過200年的時間管理洗禮，很少人會花時間去思考這件事。

●●●●●●●●●●●●●●●●●●●●●●●●●●●●●●●●●●●●

不要等到「經濟獨立」之後

才把工作當成一種選擇，而不是一種義務。

●●●●●●●●●●●●●●●●●●●●●●●●●●●●●●●●●●●●

案例2：阿拉斯加的會計師

凱西・普萊斯（Casy Price）原本認為自己沒有能力擁有夢寐以求的生活，但是經歷過基本的時間翻轉流程（最終目的、EDO、城堡與護城河），她改變獲得報酬的方式，也改變自己的生活。

她說：「我列出兩份清單：我的任務以及我喜歡的任務。我學會可以把所有事情與工作分出去，交給最優秀的人執行。我明白這麼做不是和他人競爭，而是和他人合作，並且在典型的金融世界裡挑戰自己的極限。現在我過著夢想中的生活，這是我以前只有在夢中才能擁有的生活。自從全世界因為病毒全球大流行而停止運作以來，大家的生活都很不容易，但我的事業依然持續蓬勃發展、成長，並且為其他人創造機會。在家庭方面，我們也得以共同創造回憶，並且主動迎向冒險挑戰。

凱西與家人住在阿拉斯加州（Alaska）一個風景優美的地方，他們的夢想是全家人一起旅行，並且到亞利桑那州

（Arizona）避寒。凱西說，他們駕駛著休旅車四處旅行，並且在亞利桑那州買下一間過冬專用的房子。她說：「我喜歡有能力付出更多的感覺，」而且「每當我再次變得忙碌時，就會回去檢視任務清單的基本原則。」

你可以讓人生以你的收入來源為中心
（傳統的生活與時間管理），
或者讓收入來源以你的理想生活方式為中心
（反時間管理／時間翻轉）。

案例3：創業家

泰勒・康明斯（Taylor Cummings）出生時心臟有六種先天缺陷，只有5％的存活機率。經過四次開胸手術與幾次奇蹟，他到今天還活著，和他的心律調節器一起跳動。泰勒說：「我從小就有一股熱情要積極充分利用時間。13歲的時候，我的父親因癌症過世，這讓我再次意識到人生短暫，我想要過得有意義，（於是）我的想法有了改變。時間快轉到我22歲的時候，我學到自己可以實現夢想，同時擁有想要的生活，便不再採行傳統的創業路線，改為以我的人生為中心來打造事物。」在經歷好幾次創業與失敗之後，泰勒想出一種可行的模式。

他說：「當我好幾度開創事業卻又失敗後，在25歲那年和朋友開設一間公司，每週只需要工作三個小時就能維持營運，而且今年還簽下一筆高達2,000萬美元的交易，協助私募股權集團尋找值得收購的企業。我專注於自己喜歡的事、特別關心喜歡的人，而且還有時間做其他的事。」如今，他正在攻讀企業管理與創業學博士學位，並鑽研決策與績效心理學。而且，他還在中國少林寺學習北方少林功夫。

你可以改變心態、改變體能、改變閱讀的書籍與聆聽的音樂、改變生活中的一切，但除非你透過就業或創業來採用新的商業模式，否則你的日常生活方式還是大部分相同。

想要改變生活，
就必須改變獲得報酬的方式與原因。

案例4：全職在家教育五個兒子的單親媽媽

安潔兒‧奈瓦盧（Angel Naivalu）是一名全職、在家裡教育五個兒子的單親媽媽，全家住在一間兩房公寓裡。在全職待在家中之前，她已經完成臨床社會工作研究所的課程。要在工作與家庭兩方面的義務取得平衡是非常大的挑戰，她要如何找到時間？

　　「我覺得自己陷入困境，」她說：「時間似乎是最大的限制。而這世界只提供二選一的選項：我要不就是當一個全職在家教育孩子的母親，要不就是成為一名治療師，在診所裡工作，依照營業時間上班。我沒有自己賺來的錢，因此覺得手頭拮据，而且在經濟方面又必須仰賴前夫。」安潔兒開始思考時間翻轉的原則。

　　安潔兒想到辦法創造出一種模式，除了為個人教練客戶提供諮商並每一季主辦熱賣、完銷的旅遊行程之外，她還可以單純透過推薦來增加客戶群。安潔兒的時間獲得解放，而且工作從來沒有這麼有生產力又獲利豐厚。安潔兒說：「2021年初，我心裡出現一道聲音呼喚我，要我去夏威夷住一個月。我那個已經被定型的大腦回答：『誰有本事離開工作到夏威夷度假一個月？』但我還是向診所請一個月的假，在夏威夷待上整整一個月。如你所言：『每一場日落都是一次重啟人生的機會。』在夏威夷的30天，我每天看著夕陽落入海平面，因而經歷徹徹底底的人生重啟。我覺得自己的心一次又一次的對自己說，在我的眼界之外還有很多可能性。」

　　安潔兒表示：「我的收入增加了50％。**這就是自由！**」從那之後，她就搬到夏威夷定居。她說：「我住在最喜歡的地方，不僅實現心底想要寫作、出版書籍的夢想，而且和兒子都建立起深厚的情感。我賺到的錢比以前還多，工作日程由自己安排，完全沒有壓力！」

當你喜歡自己做的事情時，

可能永遠不想退休，

因為你已經過著自己想要的生活。

工作與生活協調一致

改變獲得報酬的方式，就如同創造一個環境，讓人們、文化契合、成長潛力和你的價值觀以及對未來的願景相互匹配。

打造和你的最終目的有關的生活，是一種有意識的努力，可以透過打造經濟護城河來保護你的生活方式。

重點在於，要打造一條你願意付出心力的經濟護城河，在創造收入的同時也創造時間，而不會耗損你的時間。經濟護城河的概念與名稱來自華倫・巴菲特，指的是一間公司勝過競爭對手的明顯優勢，使公司能夠保護市占率與獲利能力。這種優勢通常難以模仿或複製（像是品牌識別、專利），進而對來自其他公司的競爭形成有效的阻力。同樣的，你的時間翻轉經濟護城河能夠為你提供時間優勢，使你成為雇主的強大資產，同時讓你可以隨心所欲、來去自如。

律師的案例

格雷格‧派西（Greg Pesci）是一名律師，曾協助主導將一間公司賣給上市公司。他在公司擔任總經理，可是他覺得生活需要改變。

格雷格說：「家人是我最重要的一切，我想用更好的方式工作，以反映出這項事實。我首要的考量就是和家人共度的時光，並且找到一種工作狀況能夠讓我真正實現這一點。不過我害怕嘗試新事物，因為我待在企業激烈競爭當中的時間已經久到將我洗腦，讓我懷疑自己有可能改變。」格雷格想要以他最優先考量的事項為中心來工作、獲得報酬，並且解放時間。

當他接近人生的新篇章時，我們討論了幾種方法，讓他可以停止等待、開始銷售，並且驗證新創事業的商業構想，用來打造以優先考量事項為中心的經濟護城河。格雷格向我分享他在過程中學到的一些事：

- 停止試著做出完美的產品或完美的垂直整合，而是盡早做最重要的事情，也就是把東西賣出去。
- 直視某人的眼睛或直接和他們在線上交談，要求他們花錢購買你的產品。
- 不要持續拖延無可避免的問題，這麼做有助於創造

出資源、時間與空間來改進產品，並且最終讓自己可以開始擁有想要的生活／工作。

當你開始行動的時候，魔法就會奏效。格雷格的下一個新創事業正逐漸成長，可以運用的時間也隨之增加。

沒有千篇一律的方法。

根據最終目的工作，而不是朝著它努力。一開始就以理想的生活方式為中心，建立事業模型與銷售策略，並看著機會與時間如何擴展。

要以夢想展開生活，不要為了夢想而生活。

了解自己的經濟狀況

你的工作方式有什麼樣的因果關係？每當很久沒有透過專案賺錢的人來找我，想知道應該怎麼做的時候，我問他們的第一件事就是：「你最後一次請別人拿出金融卡或信用卡完成交易是什麼時候？」錢其實可以來得很快。

如何賺100萬美元

500人購買單價2,000美元的商品
1,000人購買單價1,000美元的商品
2,000人購買單價500美元的商品
5,000人購買單價200美元的商品

500人每月支付167美元，為期一年
1,000人每月支付84美元，為期一年
2,000人每月支付42美元，為期一年
5,000人每月支付17美元，為期一年

假如對你而言工作可以轉化為金錢，那麼如果你沒有賺錢，就表示你一生沒有工作過，是這樣嗎？你只是準備要工作，可是現在沒有在工作。

可以轉化為金錢的工作需要銷售，而免費工作或投入時間可能是相當長期的計畫。然而，如果你需要錢，而你的事業沒有以某種積極的方式要求客戶從你那裡購買商品，你如何能期望可以得到報酬？如果沒有人知道你能提供什麼東西，你實際上能提供什麼東西呢？

直到你賣出東西，否則你的工作無法為你賺到錢。這種簡單的認知可以幫助你擺脫沒有賺錢的困境，因為你沒有積極的販售商品。但是它也會讓你重新陷入沒有賺錢的困

境，因為你沒有販售商品。

無論你是以員工、高階主管、內部創業者、創業者或獨立創業者的身分求取成果，只要透過策略、保持方向和目標一致與執行，都可以創造出自己喜愛並享受其中的生活與工作體驗。 無論你的經濟狀況如何，你的生活都是以如何工作、在哪裡工作、怎麼工作為中心。體認這個事實可以讓你大開眼界，並且賦予你力量。

好好善待時間，珍惜時間。

- **這樣有效果嗎？** 創業家追求的夢想是一份可以創造更多自由與彈性的事業，卻沒想到這個事業反而占據他們所有的自由與彈性。
- **這樣有效果嗎？** 高階主管離開現職跳槽到另一間公司之後，卻發現新工作有學習曲線，仍舊無法提供他們更好的生活方式。
- **這樣有效果嗎？** 員工在工作中接受挑戰以避免遇上糟糕的主管，結果卻發現那位糟糕的主管依然在影響他們的生活。

不要讓這種情況繼續發生在你身上。

....

選擇更好的目的，獲得更好的成效。

....

讓時間翻轉成為日常互動

你的新任務是讓時間翻轉成為日常互動。

雖然每個人的生活都不同，各種細節也相異，但是希望以自己想要的方式運用時間的原則都一樣。

我從已故的哈佛商學院教授克雷頓・克里斯汀生學到，要建立框架來協助別人做出決定，而不是告訴別人應該做什麼。

當你練習反時間管理與時間翻轉時，在你體驗學習整合模型的時候，答案就會從頭腦深處浮現出來。

時間翻轉框架、模型與方法宛如指南針，可以幫助你確認方向，前往想去的地方。準確的朝著抱負前進，對於實現目標至關重要。

不要再繼續以你沒有時間的思維度日。
那樣的專案有其他目的，
不再適合你。

沒有千篇一律的方法。我曾經在各個國家創辦公司，曾經為成千上萬間新創企業提供顧問服務，曾經傾注心力在數以千計（彼此大多毫不相關）的商業計畫中，也曾經在風險投資公司與私募股權公司工作。我協助創造（從設計到生產到履約）數百種新產品，現在不是已經在市場上販售，就是即將進入市場。每一間新創企業到最後都不相同，但是剛起步的時候都一樣，或者至少感覺一樣。

新創企業都懷抱許多希望、夢想與願望，然而現實世界中卻有很多變數。即使是只相隔幾條街，又擁有相同特許經營權的兩間店家，也可能經歷不同的挑戰。任何人都可以創業，這是一項可以習得的技能；打造一個讓自己引以為傲的人生也是一種可以習得的技能。創業可能會耗光你的時間、精神與腦力，但是事情不需要這樣發展。如果你的人生只想要某一個事物，那麼抱持單一的專注力非常有效。

不過……

……人生的深度來自生活的廣度。你需要看得更多、做得更多，才能夠變得更多。人生歷練就是新的工作經驗。

當你把生活帶到工作中，就是把工作帶到生活裡。

變數即是常數。

　　打造經濟護城河是將你的工作方式融入個人風格以產生結果，並且透過可以支持你最終目的的方式來支付報酬。 沒有哪一種工作能包羅萬象。下列原則可以幫助你更清楚的思考你想要做什麼，但是你必須去做。

將新的經濟時程表拉進你的生活

　　傳奇工程師和品質控管大師威廉・愛德華茲・戴明（William Edwards Deming）觀察到：「每一套系統都經過完美的設計，才能獲得它所得到的結果。」

　　是什麼樣的系統讓你走到今天的位置？這個問題將協助你把全新的「經濟時間軸」拉進你的生活。

　　想要正確的和最終目的保持一致，並沒有捷徑可抄、也沒有替代方案可以用。只要以目的為本來推動一系列正向的連鎖事件，就可以憑藉本能繞過傳統的時間管理遊戲，開啟許多未來的可能性。

　　你可以透過思考下列四個部分的流程與思維模式，將新的「經濟時間軸」拉進生活當中；許多時間翻轉者將目標從時間軸尾端翻轉到時間軸開端時，都會經歷下列過程：

- 否定（denial）
- 生存（survival）
- 復活（revival）

● 抵達（arrival）

一開始，你可能會進入「否定模式」，你否定成功有可能發生，因而否定自己可能成功。接著你會進入「生存模式」，只做你已經知道的事，或是你認為最好、最快的事。然後，你會意識到必須做出改變才能真正有所改善，於是你開始嘗試新的事物並進入「復活模式」。最後，當你發現自己成功完成目的時，就進入「抵達模式」。無論你現在處於「否定—生存—復活—抵達」迴圈裡的哪個位置，請記住到達每個階段時的樂趣，以避免在途中遭遇困難時心灰意冷。好好利用時間翻轉的工具，以智慧與勇氣迎接每一次機會。

選擇並不容易。選擇總有一定程度的機會與責任，自由與安逸不可能自由又輕鬆的手到擒來。當你考量機會成本時，就算是阻力最小的路徑也不見得好走。

重新思考你的經濟保障規則

問自己三個時間翻轉的問題。在打造經濟護城河時，請利用下列問題來獲得更大的自主權：

● 我能夠根據工作的成果（而不是花費的時間）來獲得報酬嗎？

- 這項工作的金錢價值是否值得我所付出的時間以及精力？
- 我能不能在自己選擇的地點提供成果，而不是在特定地點工作？

如果這三個問題的答案都是肯定的，那麼這項工作可能符合你的最終目的價值觀，你應該朝著它前進。

如果這三個問題的答案都是否定的，但是你依然想做這項工作，你就需要發揮創造力，透過時間翻轉框架來提升執行專案的能力，為你的最終目的創造時間，而不是耗費時間。

<u>時間翻轉的限制</u>。將限制應用在你的工作上，設計出強制功能（強制激發有意識的注意力），以保持方向準確一致。

- 當你選擇在個人價值觀與限制的範圍內工作，也就選擇了尊重自己與優先考量事項。
- 如果你精心挑選工作，工作自然而然會變得對你來說更加重要，你也會以極大的關注、決心與注意力來完成它。
- 如果你覺得工作不有趣，或者難以獲得成果，可以採取專家外包。

你可以將各種限制與優先考量事項配對，作為確保工

作與生活一致的策略。

我經常詢問下列問題，來找出目的專案的正向限制：

- **這份工作有趣嗎？**

  我喜歡也想做這份工作，所以才堅持繼續做嗎？

- **這份工作有意義嗎？**

  這份工作能夠幫助別人，產生正向的影響力嗎？

- **我可以透過手機來做這份工作嗎？**

  我是否享有機動性，因此可以四處旅行呢？

- **我會後悔沒抓住這個工作機會嗎？**

  它有多重要、多緊迫，以致於我不應該錯過這個機會？

- **它會占用我的家庭時間，還是帶來更多家庭時間？**

  它是否從一開始就有助於整合我的最終目的？

這類問題可以幫助你選擇如何進行喜歡的專案。

和限制有關的問題可以幫助你設計、重新設計、設定目的、重新設定目的、協商、重新協商、維護、更新以及實行讓你滿意的工作與生活流程。

何不鼓起勇氣，提出這些讓你擔心的權衡妥協問題呢？

與其一點一滴拆除舊有、大量製造的流程來拿回你的時間，還不如選擇適合你目的的處理方式。

現在無法讓你達到目的的工作流程，

將來可能也無法讓你達成目的。

　　正向的強化限制可以幫助你以熱情檢視專案與職責，產生廣泛深遠的影響，並且解放你的時間，讓你可以持續做選擇要做的事。

拆解

　　你在個人專案、職場專案、人際專案與玩樂專案上的工作限制是什麼？

　　只要透過誠信與創意讓你的限制與過程融為一體，你想要執行的生活與工作專案，都能夠以你想要的方式運作。我可以很有自信的這麼說是因為，如果你選擇優先考量某件事而不是另一件事，那麼藉由時間翻轉，你的選擇將可以在更高層次的思維與目標下有意識的完成。

　　有哪些壓力呢？時間翻轉者在改變工作方式時所遇到更大的壓力在於，試圖決定是否應該辭職，以及如何在下一份事業開始之前填補空白。儘管所有情況都各不相同，但有一點可以確定：如果你不想辭職，就不需要辭職。

　　如果認為自己做不到，該怎麼辦？雖然有些任務比其他任務更難改變掌控工作的方式，但總體而言，在辭去工作與展開一項新的收入專案之間做選擇，可以說是一種欲望的選擇，而非職責的必要。為了適應多重面向的生活而修訂自己的生活與事業，和你純粹想離職是完全不同的兩件事。

　　有哪些風險呢？時間翻轉者會藉著思考是否同時引入全新時間翻轉專案，並且翻轉現有工作的方法，來降低能賺取收入的新創事業風險。你的任務不是增加更多的專案來占用更多你根本沒有的時間。

　　如果不想要破釜沉舟，該怎麼辦？在打破大釜之前，請先思考你是站在哪一邊；而且，你也不一定要打破大釜。

　　要怎麼一次完成好幾項工作？如果你不想一次做好幾項工作，那就不必這樣做。如果情況允許，執行時間翻轉專案最有價值的其中一件事，就是在繼續從事現有工作的基礎下，以一份和原本收入相當（或者更高）的新專案，讓你的收入加倍（甚至更多）；這就是專案堆疊。

　　如何在不增加工作時間的情況下開啟多重收入來源？要擴大你喜歡又想做的時間翻轉專案，應該建構在時間翻轉框架之下，並且透過EDO（與其他時間翻轉原則）來運作，以便讓你的最終目的維持在生活的正中心，使你的時間安排充滿自由。

> 當你掌控自己的時間，就無須自我責備，
> 只要根據需求重新調整以保持和目標一致。

用數字計算

《連線》雜誌（*Wired*）的創始執行長凱文·凱利（Kevin Kelly）為創意人才寫了一篇關於賺錢的傳奇文章，篇名為〈一千位真正的粉絲〉（1,000 True Fans）。這篇文章已經成為創意事業的靈感與實用支柱，其中提到的數學計算可以跨行業應用。

凱文說：「要成為一名成功的創作者，不需要百萬數字。你不需要數百萬美元或數百萬名顧客、數百萬位客戶或數百萬名粉絲。要以工匠、攝影師、音樂家、設計師、作家、動畫師、應用程式開發者、創業家或發明家的身分謀生，只需要幾千名真正的粉絲。簡而言之，如果你能從1,000人身上賺到100美元，就能賺到10萬美元。

一本價值25美元的電子書
需要賣出多少冊才能取代你的年收入？

舉例來說，今日要進入勞動市場的人，可能會看著現有的各種工作，並且考慮無數種選擇。以下情境可能是應對壞老闆的安全預防措施，也可能是為了「雨天」準備的副業。請各位依照自己的情況修改相關數字。當人們看著自己的收入選擇，有人可能會對自己說：

- 我替別人工作，每年最多能賺進6萬美元。
- 這表示每個月賺5,000美元。
- 如果當自由接案者，只要每個月有5位客戶各付1,000美元，我一個月就可以賺到5,000美元。
- 我不需要公司福利，它們都被誇大了；我可以在當地找一位經紀人，反正他會為我制訂更好的方案。

這種情境不是發生在未來，而已經是過去了。儘管還有其他考量因素，像是總成本與特殊情況。然而，將這個例子應用到自己的生活上，並且依據需要修改數字，你就可以看見一個可能實現的新願景。

收入。當你意識到100萬美元是1,000人各支付1,000美元的那一瞬間，你應該會開始感到暈頭轉向。

- 當你意識到10萬美元是1,000名顧客各支付100美元的那一瞬間……

- 當你意識到6萬美元的年薪只不過等於2,400冊價值25美元電子書的那一瞬間……
- 當你意識到25美元乘以200次再連續支付12個月就是6萬美元的那一瞬間……

這個瞬間你會意識到，只要擁有10個像這樣的小生意，就能夠在你和別人的生活之間產生巨大的影響。

沉沒的時間。如果你每週花40～80個小時為別人的夢想奉獻己力，你還能額外做什麼事？如果你運用EDO的時間翻轉原則並且釋放大量時間，那麼你也就在生活中創造出足夠的空間，可以建立副業專案，或是為現有工作增加好幾個愉快的新事物。

同步時間。你可以在實踐時間翻轉的過程中賺取多少時間與金錢？如果能夠賺取相當於你目前薪資的足夠金錢，又不會對你的日常生活產生負面影響，你覺得如何？事實上，如果能夠花更少時間賺取更多金錢，你覺得如何？

投資你的夢想

我的大兒子羅利與朋友計畫在他生日當天去玩跳傘。他剛滿18歲，對於要玩跳傘感到相當興奮。我從來都不想做這種事，因為光是想到要從飛機上往外跳，我就嚇得要

死、焦慮不安。但是羅利邀請我與他們同行，而我不想錯過和他一起體驗這種超酷的經驗。

坦白說，如果我因為和兒子一起跳傘而逝世，我一點也不介意；不過跳傘而亡的機率並不高。後來，我們共度最美好的時光，也是我人生中數一數二精采的事蹟。對我而言，這是一次異常平靜又有趣的經歷。

當我們走到飛機跑道上的小型飛機旁，我的跳傘教練問我從事哪一行。我告訴他我是一名作家，還是從事國際貿易的創業家。於是，待在飛機上剩餘的時間，他都在談論自己透過加密遊戲邊玩邊賺錢所得到的收益。欣賞完歐胡島最美麗的景色並安全降落後，我的兒子告訴我，他的教練也和他說了同樣一件事。

他們在網路上賺到很多錢，並且將大部分過程外包給位於世界各地的自由接案者，把時間留給跳傘。事實上，因為他們賺了非常多錢、聘雇非常多人（數百人），我兒子回家後因此研究一番，也開設自己的帳戶。這些跳傘者透過虛擬的副業專案，為生活開創眾多財務跑道，這些跑道比實際飛機起降的跑道更加繁忙。

要生活又要賺錢的做法太多，所以請選擇適合自己的方式。這一輩的人，也就是現在的這一個世代，比以往任何時代都擁有更多機會。

充沛的機會也帶來各式挑戰，但這是你應該歡迎並參

與其中的挑戰。

心存感激。全世界有數百萬人每天的生活費不到2美元，不要以不知感恩的態度濫用自己的注意力。請慷慨的看待你的時間。當我們幫助別人面對他們的挑戰同時，也正在面對自己的挑戰。無論如何，請繼續幫助別人。

認知認分。如果你公然看輕自己的時間，其他人也會這麼做。如果有機會，你將成為公司耗損的自然資源。你不是第一個把精華歲月送給公司的人。要不要再次補足自己的時間，由你來決定。

如果你有選擇，會怎麼做？你會用自己的時間來做什麼？你會往哪裡去？你會如何獲得報酬？有很多種機會可以切換你的選擇。

現代的工作正轉向承包商與創業家，企業也轉向自動化。企業工作尋找自由接案者，或是自由接案者尋找企業工作的機會都相當多。要在這個世界開創自己的空間、和所愛之人一起做喜歡的事，機會需要靠自己把握。

**你必須優先考量你的優先考量事項，
才能讓這些事項成為你的優先考量事項。**

你是否留意到了？

如果想加入全新的全球勞動人口，

注意力將能為你帶來收入。

「改變獲得報酬的方式」的重點整理

賺錢的方式有很多種，但是無論獲得多少報酬，你得到報酬的方式都會影響你的生活方式。請再讀一次前面那句話，並且吸收內化。這一點很重要，因為即便是離職而成為創業家的人，當他們為自己開創另一份工作時，也可能把一切都搞砸。

- 好消息是什麼？關於報酬的福音是，你可以透過改變獲得報酬的方式來改變生活。
- 你的生活方式和你獲得報酬的方式、你期望自己在哪個位置，以及你如何履行工作義務有著直接的關聯性。
- 在歷史上，現代的工作是相對較新的發明，因此要學著聰明一點。整天坐著不動盯著發亮燈光的人，注定會像被車頭燈嚇到的鹿隻一樣慘遭輾斃。

- 時間翻轉者會為一個人創造龐大的價值，而不是為幾個人創造最小的價值，因此你可以把事情做得更好，解放更多時間，並且把這些時間運用在其他事物上。
- 如果你想為某間公司工作，你的任務就是在工作上運用時間翻轉工具來拿回自己的生活；你如何工作（不見得和你負責什麼工作一樣）將會決定你能享有多少自主權。
- 如果你是為自己工作，你的任務就是透過時間翻轉專案，贏得更多付費顧客或客戶的信賴。
- 如果你想更加了解某種職業、產業或專案，你的任務就是找到（而不是變成）導師，作為你的時間翻轉解決方案。

當你改變獲得報酬的方式時，就能夠透過打造策略護城河與經濟護城河來保障利益，進而對城堡掌握更大的控制權。將你的生活環繞在四個目的專案周遭，緊緊擁抱你的職場優先考量事項，來支援你的個人優先考量事項。利用時間翻轉改變獲得報酬的過程，讓自己擁有全新的自由以幫助更多人。

改變獲得報酬的方式如下頁所示：

改變獲得報酬的方式

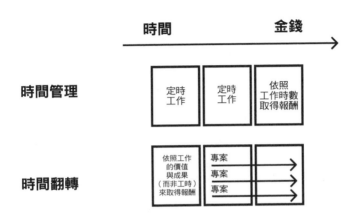

改變獲得報酬的方式

　　輪到你了。這個活動將協助你思考自己的選擇，改變獲得報酬的方式，進而改變生活方式，並且幫助你從訂定目標轉向做出決定：

打造你的經濟護城河

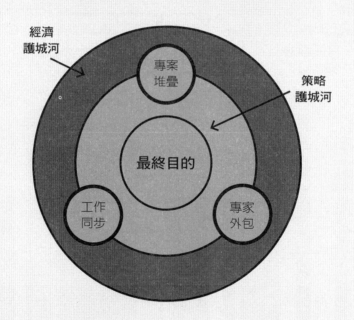

1. 承認你可以選擇獲得報酬的方式（雖然不容易，但仍有選擇）。
2. 之前是什麼原因阻止你以這種方式生活？
3. 這一次你會有什麼不一樣的做法？

4. 你想完成哪些具有意義的工作（專案）？

5. 你每個月至少要賺多少錢才值得你付出的時間？（我們知道上限可能無窮無盡……所以現在只談最低要求，舉例來說，每個月需要賺多少錢，才能取代你目前的收入？）

6. 你認為每個月要賣出多少價值單位的商品，才能維持理想的生活方式？（價值單位在這裡可能指產品、時數、工作、工作時數、客戶人數，或者服務；比方說，100冊電子書。）

7. 有了這些數字，你需要以什麼金額出售每一個價值單位，才能達到每個月的財務目標？（將月營收目標最低值除以價值單位數量，即可得到你需要的銷售價格；舉例來說，5,000美元除以100本電子書，等於每冊電子書必須賣50美元，才能達到你的營收目標。）

8. 這只是起點，可以再依照需求變更數字。原則是必須將優先考量事項與生活方式放在中心，以它們為中心建立有效的商業模式。

9. （在有截止日期的情況下）你會做出什麼決定來時間翻轉你的現實狀況？

10. 請填寫下頁的事業模型優化工具，以幫助你思考不同的報酬獲取方式。

顧客（目的）

側寫：誰是你理想的顧客？

_____

_____

標的：你的理想顧客常去哪些地方？

_____

_____

行銷：你如何接觸理想的顧客？

_____

_____

價值（吸引力）

價值主張：你對顧客最大的承諾是
什麼？

_____

_____

定位：你如何和競爭者有所區隔？

_____

_____

銷售通路：你如何將承諾的產品或服務配送出去？

_____

_____

利益（報酬）

訂價：能讓獲利最大化的訂價策略是什麼？

_____

_____

營收流：你用什麼方法產生營收？

_____

_____

邊際收益：每一個單位能讓你賺多少錢？

（邊際收益＝每單位售價－每單位變動成本）

_____

_____

珍視時間，不要為你的價值觀計時。

08

珍視時間，
不要為你的價值觀計時

如何在想要的時間點去做想做的事

我開始相信時間管理不是解決方案，
它實際上是問題的一部分。

—— 亞當・格蘭特，組織心理學家

16歲的時候，我很想開始靠自己賺錢。我認為要在居住的小鎮上實現這個目標，最好的方式是去雜貨店或加油站打工，或是在全郡的市集上撿垃圾。我告訴父親我想找一份工作時，他的回答令我驚訝。他說：「你不會想要一份工作。」我問他為什麼，因為我認為工作是非常負責任的行為。他告訴我，將來我會工作一輩子，現在應該把心思放在課業上，並且盡情玩樂。可是我很堅持，並解釋我希望可以自己賺錢自己花，以獲得更多的自由。

於是，他提出一個再隨機不過的想法。

　　他叫我去西瓜農場，還問我能不能把形狀與大小都不規則的西瓜全部買回來。他說，瓜農無法把那種西瓜賣給雜貨店，最後那些西瓜會腐爛最後被扔掉。

　　我父親給我一筆「創業基金」，要我去談判買西瓜的價錢。我與弟弟艾瑞克（Erik）就從加州聖地牙哥北郡（North County, SanDiego）開車前往位於埃爾森特羅（El Centro）的農場。我們事先將家裡那輛廂型車的後排座位拆掉，把買來的西瓜塞滿整個後車廂的空間，大約有100顆西瓜。

　　回到家後，我去拜訪左鄰右舍以及朋友的父母，告訴他們我們有一些奇形怪狀的西瓜要賣，並表示這些西瓜很好吃、也比店裡賣的更便宜。當時已經臨近7月4日的國慶假期，於是艾瑞克與我在公園裡擺了一個攤位，方便買家來攤位取貨，我們也可以順便把其他西瓜賣給路過公園又可以抱走西瓜的人。

　　艾瑞克與我把那些西瓜全部賣光了！我們在幾個小時內賺到的錢，比起必須花整個暑假的時間、以最低工資辛苦工作所能賺到的錢還多。我原本打算犧牲整個暑假，幸好父親對於時間與金錢的看法與眾不同。

　　每當我回想起這段經歷，總認為這是改變我人生軌跡的轉捩點。

● 我學會不必以時間換取金錢。

- 我學會超脫一般的思維模式來達成目標。
- 在這種情況下，不一定要從事看起來像工作的事情才能享有金錢與花錢的自由。

我相信正是這段經驗以及其他的經歷幫助我塑造心態，讓我相信自己與家人可以環遊世界、收養孩童，並從事和賺錢無關的熱血專案。

同樣的，你也會有一些經歷幫助你看見更宏大的願景，進而打造出你的道德指南針。當其他人看不見你的宏大願景時，你要保有同情心。**當你眼前有一個迅速又傳統的答案時，確實很難看見不同的解決方案，即使其他方案更加明智也一樣。**所以，我今天才會願意分享經驗，並開誠布公告訴大家哪些事情有效、哪些事情無效。這些都是考量到我此刻所屬社群的福祉。

我們今天要解決的問題無法在網路上或書本中找到答案，甚至連這本書也無法給你答案。我們要解決的問題非常個人化，因此你必須靠自己思考與採取行動。教導原則並且整合各種模型以廣泛思考、解決問題，有助於人們更能解決自己的問題，而不是等待解決方案出現。你的生活中充滿能夠擔任導師的人，他們可以親自引導你、在線上指導你，或是成為你的榜樣。當你閱讀並傾聽他們的故事時，請從他們的智慧與經歷中汲取經驗，找到方法把你的價值觀應用在你

所處的境遇中，就像我父親教我如何在不找工作的情況下賺
到錢一樣。

時間管理使工作與生活價值觀不吻合

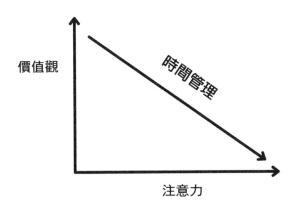

時間管理無視個人的價值觀，
讓個人最重要的價值觀與優先考量事項
只能得到最少的注意力。
此外，因為在衡量效率與效能時沒有精確協調，
時間管理經常在低價值的專案上耗費大量時間，
導致事業與生活都變得平庸。

時間翻轉使工作與生活價值觀一致

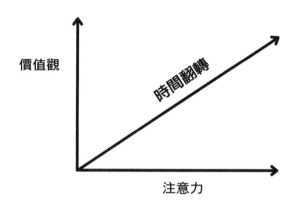

時間翻轉者的工作方式
可以讓他們最重要的價值觀與優先考量事項
得到最多的注意力。

獲得正向的時間報酬

　　我詢問世界排名第一的高階主管教練馬歇爾・葛史密斯（Marshall Goldsmith）關於工作與家庭滿意度之間的關係，尤其在充滿混亂的時期裡。

　　馬歇爾告訴我：「我們做了一項研究，探討人們對工作與家庭生活的滿意度。結果發現在工作上感到痛苦的人，在家裡往往也很痛苦，因為這就是他們對待生活的方式。」另

一方面，在工作與家庭都感到滿意的人並不是「等待公司讓他們快樂……而是會在工作或家庭中為自己提供歡樂……人們習慣在工作上扮演受害者，或是在家庭中扮演受害者」。他說，重要的是應該問：「我能對什麼負責？」你不一定能夠解決別人的問題，但是你一定可以解決自己的問題。

葛史密斯接著表示：「你不會因為自尊心而執著於結果。為什麼？因為你無法控制結果。結果是結合許多因素的函數，有些因素你能控制，有些你無法控制。你不會把自尊心附加在結果上，你會放下自己無法改變的事物。你會放下過去，專注於眼前的事物。你會擬定一項計畫，你會去執行，並且盡最大的努力，然後再重複這樣的過程。」

葛史密斯對工作與生活滿意度的研究結果發現：

員工只有在快樂與意義都增加時，才會提升對工作的整體滿意度。這表示專業人士不會因為成為工作上的「烈士」或「純粹覺得有趣」就得到工作上的滿足感。公司可能希望減少激勵員工為遠大目的而犧牲所需的溝通，也可能希望縮減沒有意義、用來鼓舞士氣的「趣味」活動。我們（錯誤的）猜測，工作之餘花更多時間從事可以帶來短期滿足感的活動，可以在整體滿意度上得到更高的分數。畢竟，我們都假設人們不會回家尋找

意義，下班回家之後大家都只想放鬆。然而我們錯了，快樂、意義與整體滿意度在工作與家庭之間有著極為相似的關聯性。在受訪者中對工作以外的生活更滿意的人，也是花更多時間進行同時帶來快樂與意義的活動的人。

你不需要為了個人尊嚴或職業尊嚴而成為烈士。你可以保持謙遜、撥出時間，依據你的價值觀而活。

- 談一談你想要的生活方式，這種生活方式將來自你所做的工作。
- 不要祕而不宣。
- 現在就把這個夢想融入你的商業模式當中。

不要將你的生活定位在「準備中」的狀態，只是在期盼有一天能實踐自己的價值觀。

你的目的是否已經嵌入夢想的生活方式當中？

你正在鞏固道路（無論結果如何）

經由最終目的生活品質的視角過生活，可以改變你看待所有事物的方式，並帶來更大的貢獻、成就感與成果。

價值觀與目的密不可分。

對於公司創辦人、經理人或領導者而言，最困難的一件事情就是在瓶頸妨礙連續成長的情況下擴展業務規模。瓶頸可能是刻意設計而成，也可能本來就注定會發生，或者是依照需求而出現。如果你想擴展業務規模，合情合理的做法是打從一開始就植入價值觀、以擴張規模為根本來打造事業，不要導入沒有必要、先發制人或是會造成負擔的成本。一開始就為了最終成果而採取行動，就像是以沒有瓶頸的瓶子（或者連瓶子都沒有）來為你最珍視的事物建構流程。

> 如果你發現方向錯誤，仍繼續堅持走下去，
> 這種愚蠢的行徑就是傲慢。
> 謙遜則是在困境中也要堅持做正確的事，
> 並且在發現錯誤時轉身回頭。

如果沒有瓶頸，你會怎麼做？請你這樣做。

無論你是時間翻轉的創業家、高階主管或員工，又或者是一般人，請你謹記，今天所做的一切，就是在鞏固明天要走的道路。將水泥道路（你的工作方式、例行公事、習慣、步驟、策略準則與過程）轉變成不是水泥道路的東

西（你的生活方式、家庭時間、旅行、超目標、自由、自主權），不僅成本高昂，有時候甚至難以做到。

> 有時候，最好的退場策略是
> 打造某個你永遠不想離開的東西，
> 但是你又可以隨時離開，不會停下腳步或受到干擾。

在實現之前先實踐

有一位忙碌的高階主管和我聯繫，告所我他的年收入是25萬美元，卻沒辦法解決時間受限的問題，因為時間不斷溜走，孩子持續長大，他需要更多自由。有錢雖然很好，可是如果沒有時間，賺那麼多錢又有什麼用？他想辭掉工作，開兩間健身房。

我說：「我和你說，這可以賺很多錢，實在很棒。不過，你是在告訴我，自由對你而言意味著晚上睡覺的時候，可能會突然懷疑大門有沒有上鎖而驚醒，因為你打算成為健身房的管理者。」

我又接著說：「你想要自由，而你的孩子現在可能已經13歲，5年後就會變成18歲了。你還認為在5年之內，就可以從苦難中解脫。然而，在這段時間裡，你的孩子已經長大

並且離家獨立。這項事業可以今天就讓你獲得自由，而不必等到明天嗎？」

他這時才意識到，除非他聘請一位經理人，並且將健身房的經營外包給專業團隊，否則這不會是他想要的下一份工作。可是，他不希望把工作外包，因為他認為自己是微觀管理者，希望親力親為。

我再說一次，比起你所做的事，你如何創造**持續的自主權**與**時間自由**更加重要。

許多人不願意這麼做，是因為他們的控制欲非常強，寧可工作偏離目標、毫無生產力，也不願意在不明確的情況下找出解決方案。人們可以選擇任何一個想要的夢想，並且為了夢想夜以繼日的工作。但是，如果明明不可能實現夢想，請不要自欺欺人的說：「這樣就能讓我圓夢。」儘管生活中大多數事物都完全超出我們的掌控範圍，時間翻轉能夠在情況不明確時為你提供空間來評估相關的決策，幫助你選擇在特定情況下要如何表現。

- -

要變成你未來想成為的人，
方法就是現在就變成那個人。

- -

為了達成目的，請在實現目標前先實踐行動

從不斷作夢的夢想家
變成實現夢想的時間翻轉者

避免空洞的希望。為了取得時間自由而工作時有一個常見的問題，就是工作方式不論現在或未來都無法真正提供時間自由。對於自稱懷抱夢想的人而言，當他們做出和夢想完全相反的選擇時，實現夢想的道路將會相當艱難。積極採行不能讓你更加接近夢想的行動，就是我所謂的「空洞的希望」（hollow hope）。當人們寧可一直緊抓著夢想（持續抱著希望）而不敢冒險實現夢想（害怕失去希望）時，就會產生空洞的希望。

不要成為閃躲夢想的人。在衝浪界，所謂「閃躲巨浪的人」（barrel dodger）是指錯過「浪管」（barrel）的人，也就是閃躲空心海浪的人。同樣的，人們會準備實現夢想，卻在最關鍵的時刻轉身離開，而非勇往直前。不要閃躲夢想，要實現夢想，你得勇往直前，擁抱夢想，並且翻轉時間。

為了避免產生空洞的希望，你必須以正確的行動來填補空白。

請記住：你的人生不應該只有通勤、工作、吃飯、上網、睡覺與看電視。你的人生應該充滿由目的驅動的經驗與專案，為你的生活帶來刺激、熱情、能量，以及真實的意義與歡樂。

透過代數思維來為價值觀賺錢

不要成為阻礙你解決方案的問題。

當你將自己從平衡的狀態中抽離，並且提問：「如果我不去做不想做的工作，應該怎麼做才能得到期望的結果？」你就會創造出解決方案，可以讓你重新回到平衡的狀態中，但是更加有彈性；也就是說，只要你願意，而且也覺得適合這樣做。

我們的心智就像計算機，但是卻無法理性的計算。

你心裡想的是對你而言可行的事，否則你就不會去想。假如你認為問題無法解決，你甚至不會想要試著解決。

與其說「我做不到」，不如採用代數思維（think algebrically）。問問自己：**「我如何在 Z 時間之內做完 X，而且不讓 Y 發生？」**

代數思維可以幫助你分析模式、關係，以及事物如何變化。你現在可能找不到答案，然而透過提出類似代數的問題給自己，就能夠在腦中創造空間，讓解決方案浮出水面。

你是否曾經在跑步、洗碗、洗澡、開車、坐火車或類似狀況的時候靈光乍現？那是大腦正在暗地裡工作。請提出更好的問題，鼓勵你的大腦翻轉時間。

比起以「我做不到是因為……」的視角看待問題，提出代數問題在解決問題時會更有效率。

如果你的創意思維機制想要解決問題，同時又不傷害

到你的自尊，你為什麼要將它關閉？你比自己想像的還要聰明，你的大腦能夠運用優雅、簡單、務實的解決方案來解決複雜的問題。開放你的大腦，允許新的輸入刺激，利用更好的問題來創造出更大的產能。簡單就是複雜，要讓事情變簡單從來都不簡單。簡單的解決方案需要最先進的思維。

**你有沒有給自己的大腦一點空間去思考，
而不是只指使它應該做什麼？**

打造你自己的城市

我們面臨的挑戰在於，我們是用實體工作存在、微觀管理、終身工作的老舊心態在打造城市。老實說，打造城市時採用的中心原則是下列的三步驟模型：

1. 這是人們工作的地方。
2. 這是人們依隨工作而生活的地方。
3. 這是人們通勤往返工作的地方。

不過，我們現在已經不需要這樣生活了。實體工作存在的心態已經過時了。凡事應該簡單一點。

這是你可以隨處居住、隨處工作並且依據需求來去往

返的世界……你是這樣生活的嗎？坐在辦公室的電腦螢幕前朝九晚五的工作，對於孕育創意與創新構想而言可能是最糟糕的工作環境。這種工作方式適合生產小型零件的工人嗎？也許適合；但是，除非這就是你的商業模式，否則你應該重新思考自己對於遠端工作的反感。假如你是雇主，你應該重新思考自己對於全職員工遠端工作的反感，並省思為什麼沒有選擇實踐數位科學管理（Digital Taylorism）；微觀管理員工的一舉一動，實際上是退步的表現。

安全感來自於你知道自己是誰，
並且願意為這件事奮戰。

要維持良好的經濟狀況，不一定得犧牲自己的生活方式。如果你選擇一項副業專案，接受約聘工作也可以非常棒，因為你可以從事多種工作（可以決定自己想要負責或接受委託的工作量）。你可以從辦公室的小隔間裡解脫（最棒的報酬就是自由）。

請找一間可以遠距工作的公司就職，或者和你的主管討論遠距上班的可能性。**當你遠距工作時，你會對自己高度參與工作感到驚訝，因為這些工作是你的分內事**，只不過你可能是在山頂上或者在汪洋中的船上用手機完成工作。這是好事。

開高價

　　當特斯拉宣布推出售價3萬5,000美元的車款時，和他們之前售價超過10萬美元的車型相比，這款新車竟然詭異的大降價了。為什麼他們要大幅降低價格呢？從表面上來看，這個決定似乎和傳統的智慧背道而馳。

　　大多數人會先注意到便宜的報價而被「吸引入門」，但是最終可能會對價格較高的商品感興趣。然而，多年前，馬斯克本人寫了以下內容。

　　總體規劃是：

　　先打造跑車
　　用賺來的錢打造一輛人們負擔得起的汽車
　　再用那筆錢打造一輛價格更加便宜的汽車
　　達成上述條件的同時，也提供零排碳發電的選項
　　不要告訴任何人。

　　馬斯克不必生產大量廉價商品，他將高價車賣給少數顧客來賺取資金，然後用那筆錢作為資金來打造低價車賣給大眾。除此之外，販售高價車讓特斯拉獲得世人的關注、建立排他性、讓人產生渴望，也培養出自己的客群與粉絲。

　　經過耐心等待並建立品牌聲譽之後，特斯拉推出低價車款，透過適時的大量曝光，讓每個人都想要擁有一輛。請

注意：你肯定也注意到還有許多電動車的價格和Tesla Model 3差不多，對不對？但現在顯然沒有人想買那些車。

請好好思考這件事。

伊隆‧馬斯克說：「我認為回饋迴路（feedback loop）非常重要，這會讓你一直思考自己做了什麼事、以及怎麼做才能做得更好。」大多數的創業家都是從提供低價商品給少數消費者開始，然後再疑惑自己為什麼會因為「現金流問題」而失敗。請抱持自信與遠見，從販售高價商品開始，把事業做大。你應該找1位願意花1,000美元的客戶，而不是找10位願意花100美元的客戶。

可是大多數創業家不會這麼做。

相反的，他們會為了賺小錢拚命工作！為什麼？因為恐懼。他們不願意試著全力揮棒、打持久戰。如果你為一個人創造出碩大的價值，而不是為幾個人創造出極小的價值，你就會做得更好，還能騰出大量的時間去做其他事。

現在你可以這麼做，一切都從你的大腦開始。你腦袋裡的所思所想會決定你的現實狀況。

你有魄力全力揮棒、打持久戰嗎？這裡有套簡單的做法：

- 打造高價格的商品。
- 用這筆錢打造另一個高價商品。
- 用這筆錢再打造另一個高價商品。

如果你有100位潛在客戶，請鎖定其中會喜歡你所提供最高價商品的1～5位客戶，並且現在就忘掉向其他95～99位客戶做生意這件事。

這就是馬斯克所做的事，而且人們很喜歡。

與此同時，請記得提供一些免費優惠給那些還沒有準備好（以高價格）購買高價值商品的95～99位客戶，以培養彼此的關係（透過電子郵件、建立社群以及社會影響力），讓他們在更深的層次和你合作。

一旦你獲得市場的歡迎，這股力量會比你想像中的更可靠。倘若你願意，你會得到許多自由，可以用來集中在低價商品上。

把自由、影響力與衝擊力放在第一位，擴展事業放在第二位。

或者你也可以繼續做你正在做的事情……。

無須擁有全部技能也可以珍視自己的時間

你想要擁有職場上的崇高地位與成果，同時還能夠以個人的角色來享受家庭生活、追求人生樂趣。

高績效人士並不具備他們所需的全部技能，因此他們必須以不同的方式生活，只做自己想做的事，將不想做的事（或做不到的事）進行專家外包，以便依據價值觀而生活，

並且改變獲得報酬的方式。

到頭來，就算你能夠自己完成所有工作，為什麼要這麼做？假設獨力完成工作百分之百是最好的做法，那麼你才要自己做；而且，你也沒有什麼可以抱怨，因為你已經知道做這件事會在時間上產生什麼成果。

你不是機器。

如果我們還必須提醒自己這一點，不是很奇怪嗎？

現在，把頭抬起來看一看。你看到了什麼？

你身邊所有的事物都是根據某個人的藍圖外包給其他人執行、製作。你也可以這麼做。

改變優先考量事項的時間點（而不是內容）

實踐優先考量事項和擁有優先考量事項並不相同。

你的優先考量事項可能在腦中井然有序，可是在實踐時卻雜亂無章，就像自願被綁在椅子上的百萬富翁，因為他們的商業模式只圍繞著他們坐著的旋轉辦公椅打轉。

你想要依據自己的優先考量事項生活嗎？

改變優先考量事項的時間點，而不是改變內容，就能看著它實際上實現。

一切還來得及

卡麥隆・曼瓦林（Cameron Manwaring）正陷入掙扎，由於離婚的緣故，他慎重的放棄一間正在成長、營收數百萬美元的公司。因為他嚇壞了，他覺得自己失去多年的經驗與進步。

我向卡麥隆分享小史蒂芬・柯維曾經教導我的經驗原則，他說：「有些人說他們有20年的經驗，然而實際上他們只有1年的經驗，卻重複做了20年。」

卡麥隆說：

> 從那個時候開始，我對於在糟糕的事業或人際關係中「浪費」多年人生的恐懼就完全消失了。我深信，只要有正當的心態與專注力，我就可以在2年內獲得20年的經驗。自此之後，我就依照目的安排時間，並且留意不要讓自己「太忙碌」而忘了專注於結果與成果。因此，我迅速改變人生的方向！現在我已經再婚，有2個漂亮的孩子，而且去年的個人收入比我上一間公司前5年的營收總額還要多。
>
> 珍視時間，不要為你的價值觀計時。這和年齡或環境無關，而是一種選擇、一股決心。

「珍視時間」的重點整理

如果你已經準備好要徹底改變自己的生活方式，這裡有一些簡單的提示，可以為自己創造「價值時間刻度」、彈性與自由：

- 選擇讓你感到興奮的工作。
- 不靠別人獨立展開專案。
- 邀請想合作的影響力人士與組織，幫助你在特定日期之前完成專案。
- 根據一項可以整合你的價值觀的成功專案，來建立商業模式（賺錢的方式）。

你值得以一種能夠賺錢、獲得意義與自由的方式過生活，並且無論在什麼情況下，都可以依照自己的意願過活。為了額外賺取1,000美元而販售價值1美元的商品，和販售1件價值1,000美元的商品，這兩種工作會形成不同的時間限制（也帶來不同的生活方式）。請記住：我不是要你為了達成目標而走出舒適圈，而是要你拓寬舒適圈，大到讓你的目標可以舒適的融入其中。

珍視時間，不要為你的價值觀計時

這項練習可以協助你反思自己如何評估時間，幫助你重新確定優先考量事項、修訂做法，並重新點燃生命的喜樂。

 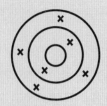

我不是要你為了達成目標而走出舒適圈。　　　而是要你拓寬舒適圈，大到讓目標可以舒適的融入其中。

1. 你想透過什麼方式讓你的時間與金錢和價值觀維持一致？雖然下列問題並非完全適用所有人，但是請想一想，這些問題如何套用在你與你認識的人身上。

   - 你早上**什麼時候**起床？為什麼？
   - 你**什麼時候**回到家？為什麼？
   - 你在任何時間做任何事情是否必須先徵詢某人的同意？為什麼？
   - 如果你從事不同的工作，生活方式會有任何改變嗎？為什麼？
   - 你現在住在**哪裡**？為什麼？
   - 你**什麼時候**度假？為什麼？
   - 你害怕週一嗎？或者覺得週一和其他日子沒兩樣？為什麼？
   - 週一到週五的上午9點到下午5點，你都和**誰**往來？為

什麼？

- 週末對你來說是休息日嗎？你喜歡週末還是害怕週末？為什麼？

2. 請注意：這些都是既定觀點的問題（loaded question），和你如何工作、如何獲取報酬直接相關。但是和你得到多少報酬無關。時間翻轉是一種可以學習的技能。

3. 我們再回頭看看這些問題，但是這一次請問問自己真正想要做什麼。只要所有事物都直指同一個目標，你就能夠和這個目標保持方向一致。如果沒辦法所有目標一致，就騰出空間提出問題。這就是今天的盤點清單，讓你可以依此做出決定。

4. 如果你發現一些事物想要調整改變，就不要對那些事物投射情感，只要問自己如何在履行當前職責的同時又能創造變革。

5. 先從選擇一項你更想要更加融入生活當中的價值觀開始。

6. 就是現在，開始翻轉時間！

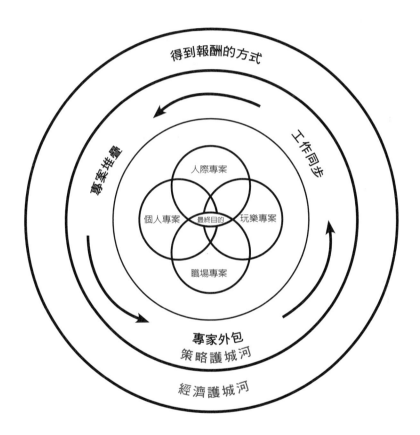

第4部
多產

超越目標、習慣與優勢，不要落後

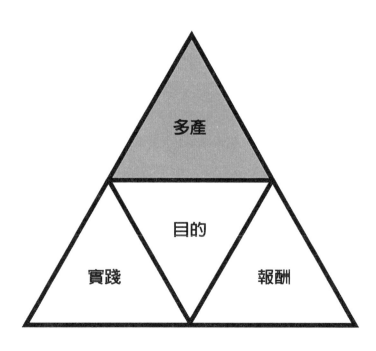

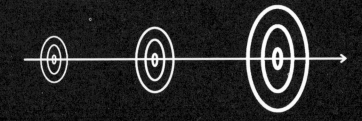

超越目標、習慣與優勢，不要落後。

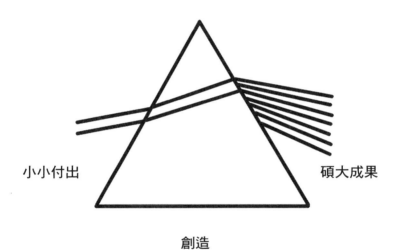

小小付出　　　　　　　　　　　　碩大成果

創造

稜鏡生產力

09

創造稜鏡生產力

如何選擇可創造一系列碩大成果的小小付出

我的人生使命不僅僅是生存，還包括成長茁壯，
並且以一些些激情、一些些同情心、
一些些幽默與一些些格調來達成目標。

—— 馬雅・安傑洛（Maya Angelou）

我的孩子年紀都還小的時候，我們家曾經和布萊斯與奈莉・尤爾根斯邁爾（Bryce and Nellie Jurgensmeier）一起旅行幾個月。我們從猶他州的洛磯山脈（Rocky Mountians）到墨西哥的海灘，接著又欣賞一番加拿大的景緻，才返回美國。

那次旅行只是一時興起。

我在某場活動中聽了布萊斯的演講，兩人因此結識。當時布萊斯正準備和老闆談離職，奈莉則計畫繼續待在原本的工作崗位。他們的夢想是像我們一樣，一邊到處旅行並且

在旅途中賺錢,並且希望將來有了孩子之後,也要帶著孩子一起旅行冒險。

娜塔莉與我告訴他們,我們非常樂意傳授如何辦到這些事,並邀請他們一起上路。在旅途中,我們和布萊斯分享心得,說明如何在離職後仍然和老闆維持良好的關係。他做到了。我們也和奈莉分享遠端完成工作的方法。她也做到了。我們玩得很開心,也賺了錢,並在過程中創造新的機會。

布萊斯說:

認識你並和你交談讓我意識到,我確實知道能夠幫別人賺大錢的方法與原則。是你給了我信心,讓我相信能提供這些服務。「改變問題,就能改變生活。」

自從我們第一次在YouTube上分享公路旅行,並且開始實行計畫至今已經過了五年,現在我們在黃石公園外經營一座露營車公園!實在不敢相信?!而且我們在打造這座公園的同時也製作相關的宣傳內容,因此我們在工作時一魚兩吃甚至一魚三吃,如此一來在想要陪伴家人的時候就不必工作。

被工作控制的行事曆如今對我來說已經非常陌生。我們可以掌控自己的行程,雖然仍有改善空間,可是這種生活實在好太多了。我還記得以前向

某人收取1,000美元的費用時感到十分尷尬，但現在我們即將和一間公司簽訂20萬美元的合約！

今天，他們帶著兩個年幼的女兒，駕駛著露營車四處旅遊。

對我而言，尤爾根斯邁爾一家就是說明**稜鏡生產力**（Prismic Productivity）的絕佳範例，以小小的付出創造出碩大的成果。

我希望你能從這個故事中得知一項事實：他們盡全力來實現夢想。如果不採取行動，你抱持的構想、閱讀的書籍、聘請的教練、觀賞的影片、找來的導師、聽取的建議，全部都沒有用。

稜鏡生產力意味著和他人分享成果，並且幫助他人同樣達成目標。生活、工作與事業不能只依賴固定的心態，必須要有成長的心態才能擴大機會，以最大的努力做出貢獻；並且，在一路上藉由分享做法，作為變革的催化劑。

翻轉你的時間，

並且激勵別人也翻轉時間。

選擇你的地圖

幾個世紀以來，加州都被認為是一座島嶼。

我並不驚訝。我曾經遇過一名青少年，他告訴我阿拉斯加是夏威夷附近的一座島嶼。我原本很困惑，直到我看見一張地圖將阿拉斯加以島嶼的方式呈現，放在夏威夷旁邊。

如果你在中國，就會看見世界地圖把中國畫在正中央；如果你在歐洲，會看見世界地圖把歐洲畫在正中央。我們的所見所聞、行為舉止以及和世界互動的方式，在很大程度上就如同我們看見地圖、解讀地圖的方式。

我們使用的指南針，就如同我們試著參照的地圖。

最好要有一份正確的地圖！

我們活在自己這張地圖的正中心。你的地圖會幫助你做決策，讓你走到今天的位置，過程中也會讓你繞路。往前邁進時需要先評估自己所處的位置，看看是否在正確的道路上，並且將人生重新定位在你想去的方向。重新思考是好事，但是如果在錯誤的地圖上重新思考路線，一切都是徒勞。

如果你的指南針指向自己，就不會走得太偏。

時間**翻轉**者會往內自我檢討，並往外踏出腳步。

在音樂劇《國王與我》（*The King and I*）中，英國教師安娜向暹羅的孩子介紹一份新地圖之後，突然唱起〈了解你〉（Getting to Know You）這首歌。在現代的地圖上，暹羅只是一個小地方。安娜試著讓這些和她截然不同的孩子產生共鳴，並告訴他們英格蘭才更小。然而，在他們的歌舞結束之後，那些孩子誇張的表示不相信，並驚呼：「原來暹羅沒有那麼小！」那份新地圖挑戰（並改變）他們的身分認同。

你的自我身分認同可能在毫無意識的情況下轉變，然而協助你看待世界的新地圖才會讓你產生質疑。自主權可以在你還沒有身分認同時挑戰你的身分認同。當你耗費精力創造出更多時間與金錢時，就打開了一份新的地圖。新的環境與新的做事方式必然伴隨著冒險與變化。時間**翻轉**者做事的時候會使用時間的藏寶圖，只不過，藏寶圖上的 X 符號指明你此刻的所在位置，而不是代表位於某個遙遠國度的地點。

除了使用地圖之外，還有其他方法可以觀看這個世界。許多進修課程與大師會向你展現萬花筒般千變萬化的構想，卻經常將這個世界從現實扭曲為幻想。

時間**翻轉**者透過稜鏡生產力的鏡頭釐清世界觀與能量，將你看待世界的方式轉變成一種具有正向可能性的稜鏡。

> 藉由微小的事物創造出碩大的結果，
> 以此表彰你擁有的稀少時間，
> 並衡量你的生活、找出巨大的影響力。

讓小小的世界變得更渺小，讓宇宙變得更碩大

稜鏡生產力來自小小付出產生的碩大成果。稜鏡生產力如雷射般聚焦於以時間為中心、以結果為導向的活動，並解鎖一系列不對稱且多樣化的機會；**這就是時間翻轉的漸進式增長。**

時間翻轉框架如同一面稜鏡，小小的付出經過折射就可以產生碩大的成果。稜鏡生產力就是關鍵，讓具備超級生產力的人做了一大堆不同的事情後，還能擁有空閒時間。在一面稜鏡中，當一道白色光束照入其中一側後，就會從另一側折射出七彩繽紛的光線。

稜鏡生產力是跳脫倉鼠滾輪但是讓滾輪持續轉動的方法。我從一位高階主管教練那裡收到這封訊息：「我在一個巨大的倉鼠滾輪上，打算跳下來自由奔跑，但是到了最後一刻（我一直）覺得很緊張，或者有些事發生，結果（我）繼續待在滾輪上。」許多人都有類似的感覺，彷彿自己總是不停地原地打轉，從來沒有前進，也沒有出路。

當你意識到生命有多麼脆弱的時候，會想要更加重視那

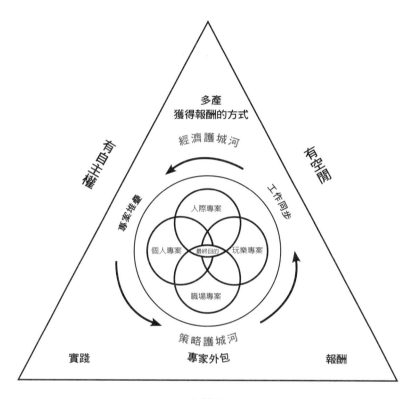

些重要的小事。在我的小舅子蓋文與我們的兒子小蓋文陸續離世之後,「稜鏡心態」對於我與妻子而言在採取時間翻轉原則時變得很重要。

　　「記錄」工作時間和你能有多少生產力之間,並不一定有直接的關係。找出時間和金錢之間的反向關係,利用微小小的行動的力量來創造碩大不對稱的結果,這是一門藝術,可以為現在與將來的你創造更多可用時間、金錢與機會。

•••

增加機會卻輸了。

你可能做了很多工作，卻沒有任何成果。

增加機會而贏了。

你可以只做一點點工作，但卻超級多產。

•••

這不是要比較努力工作與聰明工作，而是衡量你在生活中產生的碩大影響，以及表彰你所擁有的稀少時間。

**稜鏡生產力可以改進微小、基本、被忽視的必要改變，
將你從現在的位置帶往想要的位置。**

用稜鏡生產力賺錢、創造意義的案例

時間翻轉教你根據目的做決定，分成三個部分來產生稜鏡生產力：優先考量事項、實踐與報酬，也就是城堡、策略護城河與經濟護城河。

透過稜鏡生產力（也就是時間翻轉的合成體），你取回時間並改善成果的速度便能加快、成效也會擴大。世界級的傑出成就者會先思考（1）自己想要到達哪裡，（2）再打造氛圍讓自己可以實踐這種生活方式，（3）最後建立一套方

法，根據自己的價值觀以及所創造的價值來獲得報酬，並隨著這種生活方式的擴展而成長。

童書作者

艾薇・瓊斯（Eevi Jones）想寫一本童書，於是她就寫了。接著，她想幫助別人寫出他們的神奇故事，這也辦到了。然後，她受到感召，要和自己欽佩的人一起撰寫兒童讀物，同時也為他們而寫。再一次，她又實現了目標。

艾薇是越南裔德國人，名列《今日美國》（*USA Today*）與《華爾街日報》暢銷書得獎作家，和丈夫與兩個兒子住在華盛頓特區附近。她說自己在整個寫作生涯中遵循的一些強大概念，幫助她走到現在的位置。她到現在依然持續行動、充滿勇氣，並且避免後悔。

她說：

我從分心轉變為聚焦在朝向目標採取行動，如今我已獨力撰寫、與人合著、代筆撰寫高達50本以上的兒童讀物。在書寫的過程中，我開始明白勇敢代表的意義。對我而言，自信需要勇氣，展現勇氣則需要自信。

如果你像我一樣，可能也會擔心遭到拒絕，或是每次嘗試新事物時都憂慮會失敗。在我寫作

的一本童書中，我寫道：「你能感受到最糟糕的感受，就是後悔自己還沒採取任何行動所形成的重量。採取行動很輕盈，但是後悔的感覺重千金。所以，如果是距今十年之後，你會希望自己完成了哪些事？」時時刻刻提醒自己不要等到之後才來後悔，總是能夠激勵我採取行動；這也就是我邁向目標的第一步。

因此，為了能有更多時間陪伴家人，我知道只要採取行動，專注於事業中最重要的事。在鼓起一點點勇氣以及不願意未來才後悔的決心協助下，我得以凌駕在分心之上，專注的朝著目標採取行動，一次踏出一步。

將夢想化為真實的人

拉蒙‧雷伊（Ramon Ray）在聯合國工作超過十年。他的工作待遇優渥，在經濟方面讓家人高枕無憂。然而，他渴望得到更多東西。當時，他不確定自己想要什麼，可是他知道自己喜歡改變規則、打破框架。最後，他遭到解雇，因此得以全心投入創業。

拉蒙說：「這些作夢與逐夢的行為可能讓人付出代價。當我們試著以樂觀的態度前進時，也會因此而飽受折磨，因

為我們得聚焦於過去的錯誤、未能實現的目標，還會比較自己現在所處的位置和原本以為能夠達到的位置。」沒錯，人生很瘋狂。

如今拉蒙已經創立四間公司，還賣掉其中兩間公司；這些他稱為「小而美的公司」一直讓他熱衷不已。他已經在科技產業中建立起穩定、源源不絕的大品牌客戶名單，他們會邀請他到公司的活動上發表演說，並提供內容。他努力工作，透過能夠真正實現目標的方式排定工作的優先順序。

他說：「我已經有很多空閒時間用來陪伴家人與朋友，也可以參與教會為期數日的專案活動，幫助有需要的人，還可以體驗、享受新的專案。」事實上，他曾受邀到白宮與名人同台，也訪問過美國總統，並且採訪過《創智贏家》（*Shark Tank*）的五位評審。

感受總觀效應的心智清晰狀態

當太空人進入外太空，不僅能以不同的角度看待世界，心智也會變得清晰。

1969年7月16日，阿波羅十一號發射升空。執行這次任務的太空人成為最早從太空俯視地球的其中一批人，伯茲・艾德林（Buzz Aldrin）將地球形容為「黑色天鵝絨蒼穹中的一顆璀璨寶石」。這種心智清晰的狀態被稱為「總觀效應」

（Overview effect），會發生在你距離地球非常遙遠的時候，讓你對我們這顆藍色星球上的生命脆弱性與單一性充滿震懾與敬畏。這是一種理解「大局」的神奇感受，讓你感覺和地球的錯綜複雜發展流程連結在一起，但感受又不僅止於此。

屬於你的遼闊宇宙，
就從你將頭探出雲端開始。

總觀研究所（Overview Institute）的聯合創辦人大衛・比弗（David Beaver）敘述阿波羅八號任務中一名太空人的感想：「起初我們飛向月球的時候，所有的專注力都集中在月球上，從沒想過要回頭看看地球。但是現在我們已經回頭看過地球，這很可能是我們飛向月球最重要的原因。」作家暨哲學家大衛・洛伊（David Loy）則表示：「這相當令人震驚。我不認為任何人曾經想過，這樣做會帶給我們如此不同的視角。我覺得大家一直把焦點放在『我們要飛往星星了，我們要去其他的星球了』……突然之間，我們回頭看了地球，這似乎意味著一種全新的自我意識。」

為事物保留空間，也能讓它們成為焦點。

從太空視角描述地球時，常見的一個形容詞是**脆弱**。

你的世界很脆弱。

一張全新的地圖。就像探險家一樣，太空人也是靠著新地圖從事冒險活動；這張全新的地圖重新定義我們看這世界的方式，在過程當中，勇於探索未知的人也重新定義自己，以及其他人。不過，全新的地圖就是探險家真正想要尋找的東西嗎？或者是說，繪製地圖對他們而言是一項工作專案，幫助他們透過尋找最終目的而得以實現個人的夢想？

將工作與生活的夢想融合為一，是偉大的父母、發明家、藝術家、創意人員、探險家、創業家、專業人士、運動員、科學家等人的標誌，這種做法就像是一連串的正向改變。

先將注意力集中在優先考量事項上

時間翻轉者以不同的方式看待世界並重新定義地圖，清楚的將最重要的事情置入視野範圍中。時機與季節給我們時間與理由，無論我們在地圖上的哪個地方都要創造意義。儘管面臨讓人分心的事物，只要將你的專注力與日常生活的節奏和以目的為中心的優先考量事項達成同步，就可以使你的行動與時間一致。

● 時間翻轉方法中的**注意力同步**能夠因應你的相關時

間需求，取得目標上的彈性與效率。

- 時間翻轉方法中的**節奏同步**可以從你的生活中提取
範本，並且根據你的期望，將人際關係的行動挪移
到你的空閒時間。

要讓工作與家庭的優先考量事項保有規律節奏、不留
遺憾，關鍵取決於注意力。

時間彈性仰賴你選擇的優先考量事項而定。

**當你正在做的事情是你早就想做的事情時，為了做更
多事而創造出更多時間就變得沒那麼要緊了。**

找出生活當中的生產力矛盾

我將下列狀況稱為「生產力的矛盾」：小小的付出可以
創造碩大的成果，而大量的付出可能只得到小小的收獲（正
面或負面的非對稱結果）。

當小小的付出創造出碩大的成果，
就能發揮稜鏡生產力。

生產力的矛盾

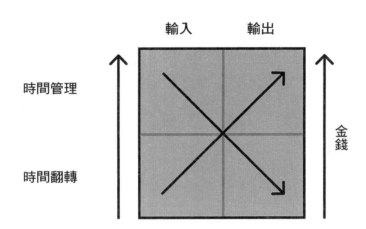

　　藉由採取時間翻轉框架，稜鏡生產力代表一個決定就
能變成許多讓人快樂的結果，也就是帶來一系列生活與工作
的嶄新選擇。你在賺錢方面投入的精力，不一定等同於你賺
取的金額。

　　**由於時間翻轉者不會把時間與成果當成賭注，他們現
在就會測試自己的構想，以便找到方法來降低風險。**時間翻
轉者會藉由兩種方式將時間與精力投入自己想要獲得的成果
當中：現在就盡情享受成果的潛在好處，以及在真正實現最
終目標之前，就先創造可以達成目的的工作。

　　藉由時間翻轉而讓目標一致，就可以接收、處理與分
享有效與無效的資訊，從大膽探索的過程中擁有你想要的生

活。你能有多獨立自主，取決於你所信賴的工作者有多自立，以及你所採信的流程有多獨立。

關於優先考量事項、意外困境、提高生產力、拖延、完美

我與娜塔莉剛結婚時設定了一項目標。幾年前她在部落格上提到這件事：

> 瑞奇與我非常努力工作，我們有意識的安排人生。我們剛結婚的時候，曾經坐下來討論兩人希望未來共度的生活是什麼模樣、什麼感覺，以及以這種生活為中心的優先考量事項。（這些目標大多和我們想提供給孩子的生活有關，這應該不令人意外。）
>
> 我很高興能在此報告（向自己報告的意義勝過向任何人報告），儘管一路上遇到種種意外困境、障礙、挫折與徹底失敗（的確有，還不只一次），我們依然專注於我們（共同）認為最重要的事。舉例來說，讓自己有能力早上開車送兒子一起上學，以及滿足下午一起接他們回家的奢望。
>
> 這是我們遠大夢想當中的小小實例，而且我們

非常努力才能達成。不過，這不代表我們已經把一
切都做到完美，我們還有很長（很長很長很長很長
很長）的路要走，不過我們走在正確的道路上。這
條路可以通往我們想要的生活，讓我們活力充沛、
心靈充實，光是想到這一點，我的心中就充滿幾乎
要爆發的喜悅。

　　每個人想要的人生都不相同，不過，各位朋
友，請著手釐清狀況（你希望人生是什麼樣子），
然後忙於其中（打造你夢想中的生活）。你**做得
到**，而且你會很高興自己這樣做！請容許我在這
裡分享我最喜歡的一句凱倫・拉姆（Karen Lamb）
金句：「一年後，你會希望自己從今天就開始。」
（A year from now, you'll wish you started today.）

當你決定自己想成為什麼樣的人，就會知道應該怎麼做。

如果我們想要真誠的享受人生，我們一路走來變成什
麼樣的人，遠比我們取得的成就更重要。
　　你與我都不完美，也永遠無法臻至完美。
　　所以你與我只能盡力而為，就從此時此地開始。

提高生產力比拖延行事更能造就完美。

即使遭遇意外困境，也要為優先考量事項爭取一點時間（並且針對如何運用這些時間排定優先順序），隨著滾雪球的動能與革命性的牽連反應驅使，將帶來重大的勝利。

- 如果你今天能爭取到一小時的自主權，難道明天無法也爭取到一小時嗎？也許你還能爭取到整整一個月？一整年？甚至長達兩年的完全自主權呢？
- 你一生的選擇與目標，需要花費接下來的兩年、五年到十年才能達成嗎？
- 說不定你只需要幾個月或幾週的時間呢？

有時候，你**真正想做的事**就是你**應該負起責任去做的事**，不要虧待家人與自己。

不要讓你的自由時間宛如被層層包裝覆蓋的
禮物一樣不受喜愛。

個人成長與幸福的關鍵在於
明白「計畫未來」與「破壞現在」之間的差別。

為**稜鏡式的成功**訂定策略。

兼顧金錢與意義

投入最小付出但創造最大的成果的方法之一，就是在進行職場專案過程中兼顧選擇金錢與意義。

我設計的「金錢與意義」矩陣如下，它協助我決定應該選擇哪些專案。和客戶合作時，我發現這個矩陣也非常實用。事實上，這項工具可以幫助在使命與收入方面苦苦掙扎的創業者與組織大翻身。它的作用相當大，因此有些從事各類專案的頂尖業務團隊就以這項工具為中心，來協助人們獲得成功並依據人們的理想抱負訂製任務。

「金錢與意義」矩陣

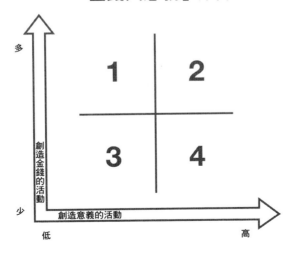

　　區塊1：這個區塊代表你賺很多錢，可是工作對你來說沒有意義。當然，你很高興自己賺大錢，但你發現自己很容易感覺筋疲力竭（或者覺得無聊，也可能兩者都有），你希望自己能從工作／生活中獲得更深層的滿足感。在外人眼中，你似乎已經擁有一切，然而在你的心中，感覺還缺少某些東西。你渴望在自己的行業（或整個產業）中發揮才華與熱情，並提供有意義的貢獻，不過很可惜，你實在太忙著賺錢。

　　區塊2：在區塊2當中，你在賺錢的同時還可以從有意義的工作中體驗真正的滿足感。你很高興能擁有舒適且經濟無虞的生活方式、你的工作實現了你的夢想，而且，你對於自己在所處的行業／在這個世界中所提供的貢獻深感滿足。各位朋友，區塊2是最佳的打擊位置。

　　區塊3：在這個區塊中，你似乎一直在努力維持生計。你的收入從來都不夠，這讓你體驗不到真實、持續的財務安全，更不用說要能存到錢。除此之外，你正在做的工作似乎毫無意義。你可能感覺被困住了，而且你肯定發現自己希望情況能有所不同。有時候，你甚至可能會感到絕望。你發現自己絕望的等待環境可以如魔法般改變，或者是機會可以主動找上門來，讓你去做一些不一樣的事。

　　區塊4：在這個區塊中，你所做的工作能實現你的夢想，並且產生有意義的變化。你熱愛自己做的事，這份工作可以激發你的能量，讓你感到興奮。但是，就現實而言，這

份工作無法讓你賺到足夠的錢來維持生活。你可能會發現自己開始厭惡金錢，對於必須持續賺進流動的現金，感到不知所措又灰心沮喪，因為你明明只想要為這世界帶來一些改變。為了不必再擔心下一筆薪水什麼時候、在哪裡、如何進帳，或是這筆錢是否足以維持生計，你願意付出一切。有意義的工作固然很好，但如果你正在區塊4裡而且賺不到錢，你可能會感覺到強烈的內心衝突或是陷入「使命飄移」（mission drift），因為無論你做的工作實際上多麼有意義，你還是必須有辦法支付生活開銷才行。

創造稜鏡生產力

稜鏡生產力讓你成為最好的自己，即便身處逆境依然有時間享受生活，並且幫助他人。

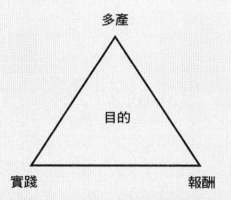

I. 回答下列問題。

1. 我的選擇與行動會讓我更接近或遠離最高優先考量事項（4P）？
2. 如果我的選擇讓我更接近目標，我應該如何透過時間翻轉框架實現目標？
3. 如果我的選擇不能讓我更接近優先考量事項，我需要改變選擇與日常活動，或者是改變優先考量事項？

4P是人生中最重要的事物，請將它們視為你的北極星。時間翻轉框架中的4P就是幫助你過濾機會的稜鏡。

II. 回答下列問題

「金錢與意義」矩陣

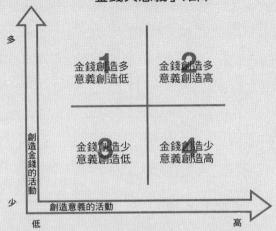

概括來說，「金錢與意義」矩陣就是：

1. 標示出目前生活的優先考量事項與目標所屬區塊，以此改進最終目的專案與獲得報酬的方式，準備進入區塊2。

區塊1： 代表你賺很多錢，可是工作對你來說沒有意義。

區塊2： 代表你賺到了錢，同時還能從參與其中的有意義工作與生活中體驗到真正的滿足感。

區塊3： 代表你似乎一直在為維持生計而掙扎。

區塊4： 代表你目前所做的工作實現了你的目標，並且讓你做出有意義的改變，卻無法支持你的經濟需求，令你感到使命飄移。

那麼，你屬於哪個區塊？

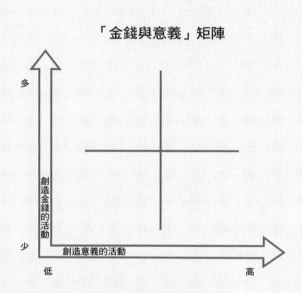

「金錢與意義」矩陣

多

少

創造金錢的活動

創造意義的活動

低　　　　　　　　　　高

2. 標示出你目前的情況，然後問自己：

- 我為什麼在這個區塊？我要如何從目前的位置移動到想去的位置？
- 為了移動到那個位置（或者留在那裡），我願意做出犧牲嗎？
- 為了更接近區塊2，今天我可以採取哪項行動？

3. 將你的最終目的專案與獲得報酬的方式對焦在區塊2，以找出應該專注於哪些聚焦活動並創造出**稜鏡生產力**，進而在生活中獲得更大的意義。

以**4P最終目的專案**專心打造適當的商業模式，以創造有意義的生活方式，同時又能支持你的經濟需求。

請至 RichieNorton.com/Time
免費下載金錢與意義工作表
以及其他的反時間管理工具。

提出更好的問題，獲得更好的答案。

10

提出更好的問題，
獲得更好的答案

如何迅速升級改良你的想法

永遠不要失去神聖的好奇心。

—— 阿爾伯特·愛因斯坦（Albert Einstein）

在阿爾伯特·愛因斯坦去世前幾個月，一名年輕人
（哈佛大學新鮮人）在沒有事先約定見面的情況下到愛因斯
坦家拜訪，並且提問：「經驗能賦予我們真理嗎？」

愛因斯坦回答：「這是一個很難的問題。我們總是在看
見某個事物時卻又不確定自己是否真的看見了。真理是口頭
上的概念，無法用數學證明。」

當時的愛因斯坦「穿著涼鞋、寬鬆的休閒西裝褲和灰
色的羊毛套頭衫，沒有打領帶，內裡襯衫最上面的鈕釦開
著，（而且）……他清澈明亮的雙眼不像是凡人，而是純粹
思想的化身」。

和年輕人交談過後，愛因斯坦給了對方一個深奧的建議。「擁有強大直覺的孩子如果沒有學習知識，長大後就無法成為有用的人。然而，每個人在人生中都會遇上關卡，只有憑直覺才能跨過關卡，但沒有人知道自己是怎麼做到的。」

愛因斯坦的德國老友赫爾曼斯教授（Professor Hermanss）曾經「自願參加第一次世界大戰，經歷過不可名狀的凡爾登戰役（Battle of Verdun）大屠殺，被法國人俘虜並監禁三年……然後又從希特勒的魔掌中逃脫」。他向愛因斯坦表示：「你真的相信人的靈魂。」

愛因斯坦回答：「是的，如果你指的是我們渴望為人類做有價值的事的生存精神。」

於是，愛因斯坦告訴那位哈佛大學生：「光線的波動起伏難道不會引起你的好奇心嗎？」（這個學生的父親後來表示：「這個問題最棒的部分就是，他單純認定這孩子能夠理解他的話。」）

愛因斯坦又問道：「這難道不足以占據你一生的好奇心嗎？」

這位學生回答：「當然沒錯，是的。我想是的。」

然後這些問題激發出最美好也最深刻的一段陳述。

「那麼，不要停止思考你為什麼做你正在做的事，也不要停止思考你為什麼會產生質疑。最重要的是不要停止提出問題，因為好奇心有其存在的道理。」愛因斯坦分享道。

「當我們思考永恆、生命，以及奧祕的現實結構時，總會忍不住心存敬畏。如果我們每天試著多理解一點點它們的神祕，那就足夠了。永遠不要失去神聖的好奇心。請試著不要努力去做個成功的人，而是試著做個有價值的人。在這個時代，只要在人生中得到的比付出的還多，就會被視為是成功人士。但是，有價值的人付出的會比得到的還多。」

臨別前，這個學生指著愛因斯坦家院子裡的一棵樹，問道：「我們可以深信不疑的說那是一棵樹？」

愛因斯坦說：「這一切可能只是一場夢，你可能根本沒有看見它。」

學生回答：「如果我假設自己能看見它，我應該如何確定那棵樹真的存在，或是知道它在什麼地方？」

愛因斯坦接著傳授了以下的智慧：「你必須假設一些事情，並且慶幸自己對某些無法參透的事物有點小知識。不要停止驚嘆事物的深奧。」

不是每個問題都有答案，
但是每個問題都可以讓你保有好奇心。

你想要以開放的態度去學習、執行、了解自己還沒經歷過的新事物嗎？就創造事物而言，經驗並不是一切；直覺、假設以及一些額外的知識，都可以幫助你在不知道應該

做什麼的時候跨過障礙。

　　傳統的爬梯式努力向上做法，會讓人在有限的經驗之下無法提出問題並實現夢想。這些努力爬梯的人會避免在自己的爬梯經驗之外尋求答案，因為他們害怕犯錯或看起來天真無知。

　　當你不知道自己看見什麼的時候，就繼續提出問題。保持好奇心，**不要停止驚嘆事物的深奧**。

　　　　　　　　不要再依據你的經驗來設定目標。

經驗之內的目標是任務。經驗之外的目標是成長。

提出更好的問題

　　「我們積欠大約5萬美元的醫療費用，因為我的妻子凱蒂（Katie）幾年前被診斷出罹患多發性硬化症。」尚恩‧范戴克（Shawn Van Dyke）說：

　　　身為建築公司的高階主管，我的工作無法讓我減少債務。此外，我家有7個人，但我每週必須工作60～70個小時，不僅沒有時間陪伴他們，而

且工作壓力一直很大。我需要新的方法來賺更多
錢，一個不需要我待在辦公室或建築工地的工作
方法。我需要更有彈性的行程，這樣才能夠照顧
妻子。最重要的是，我想要和妻子與家人一起旅
行，在妻子的身體無法負荷之前，我希望全家人
一起出去冒險。

我問尚恩未來兩年有什麼計畫。他的目標遠大，不過
他認為應該先花兩年的時間經營部落格並培養追蹤者，再開
始販賣商品。聽了這番話，我決定問一個不一樣的問題：
「如果在未來四到六個月之內就能實現目標，你覺得如何？」

尚恩說：「我辦得到嗎？」

當然，沒有人能確定這一點。可是，我們可以合理推
斷，如果某個人沒有追蹤他的部落格，無論他現在就發現尚
恩的部落格或者兩年後才發現他的部落格，其實都沒有太大
的差別。

「既然你都準備好了，為什麼還要等兩年？」

尚恩的內心有疑慮，但還是展開工作，找出可以加快
速度推動「設法了解你」階段的行銷方法，並且開始販售商
品。他在最初兩週所賺到的錢，是他原本以為需要花兩年的
時間才能賺到的錢。

時間一下子就過了五年，尚恩說：「我已經成為頂級作

家、全國公認的演說家，還為承包業者開設商業培訓教練學院。我現在可以選擇工作時間，也可以和家人一起旅行，事業自行運作得很好。我的工作量只有以前的一半，但收入比以前多四倍。事實上，尚恩還獲頒IKON年度企業家獎。

學會問正確的問題，可以幫助我們跨越過學習曲線。問題不只點燃尚恩的好奇心，也改變他對待時間與生活的方式。他的目標與成就已經遠遠超越我們最初的對話內容。透過這種方式，你也可以在不同的角色之間轉換，並且創造出混合的解決方案。

不同問題將創造不同的人生

我的一位導師曾說：「提出更好的問題，可以獲得更好的答案。」雖然這句話只是他隨口一說，但是我把它放在心上，並且將它變成一門科學。

尼爾・胡珀（Neal Hooper）在財星100大公司工作，儘管收入穩定，但是日子過得不開心。他問自己如何才能把優先考量事項列為優先，這個簡單的問題改變他的人生軌跡。他說：「當時我正處於人生道路的分岔路口，但是現在我有熱情、有目的，也有可以把最重要的事項列為優先的生活方式與時間。」

珍・歐希洛（Jan Oshiro）面臨兩難的處境，因為她52

歲的丈夫不幸失能，但是長照保險拒絕承保。珍不知道當丈夫需要長期照護時，她該如何支付這筆龐大的費用。而且，因為租賃市場崩壞，她在租賃市場的投資已經由正轉負。她還是一間貨運公司的總經理，為了重振這間七零八落的公司，每天疲憊不堪。她被日常生活中的問題、公司裡的衝突以及收入不夠用給壓垮了。

她問自己如何才能賺點外快。

珍說：「我培養了一項嗜好，開始製作並銷售治療用的寶石首飾。我創造出一套系統可以解放時間，讓我享受根據嗜好所打造的事業，並且更常旅行，還能投資，讓我退休後財務無虞。我在65歲時實現這個目標，並且將在66歲退休。這件事的美妙之處在於，我去工作是因為我喜歡工作，而不是因為我需要工作。財務自由讓我對人們應該如何建構人生產生全新的看法。生活中沒有財務煩惱真的很幸福。」

她建議大家：「多看多聽，尋找服務社區的機會。先以時間翻轉的關鍵要素全心專注於全職工作，直到業餘嗜好的收入超過你全職工作的收入。然後，全力運用時間翻轉，你的道路就會變得無比寬敞。」

史蒂夫與蓋兒‧哈拉迪（Steve and Gail Halladay）創立了一門小生意，在亞馬遜網站上販售清潔廁所用的浮石。他們先研究競爭對手、閱讀亞馬遜網站上的評論、了解顧客抱怨的問題，並且和供應商合作製造更好的商品，然後下了第

一筆訂單。他們說：「我們為第一批商品投資好幾千美元，就是這樣。我們沒有融資，只靠著將獲利再度投入事業中維持成長。一轉眼已經過了5～6年，我們擊敗亞馬遜網站上的所有競爭對手，甚至超越已經在市場上經營75年的領導品牌。如今我們累積約1萬9,000則顧客評論，評價高達4.6顆星（人們都想要擁有乾淨的廁所）。最近我們剛以將近200萬美元的價格賣掉事業，以我們最初只投資3,000美元而言，這筆交易還算不錯。」這筆交易真的非常不錯。

西恩・麥克萊倫（Sean McLellan）是由祖父母帶大，住在一輛車齡已經幾十年的老舊露營車裡。他們花費十年的時間親手打造夢想中的家園，那是一間18世紀風格的手工木屋，一次放上一根木頭慢慢築起。西恩說：「我們根本沒有錢，甚至比沒錢還要更沒錢。」他長大後和梅兒（Mel）結婚，搬出祖父母家，展開自己的人生。

有一次他問自己：「如果賺錢不重要，會是什麼狀況？」他說：「回到家後，我也問太太同樣的問題。如果我們不必忙著賺錢，每天的生活會是什麼樣子？她的回答幾乎和我的答案一模一樣：找一塊地、住在祖父母家附近、擁有一座花園。那麼，我們現在到底在做什麼？為什麼不弄清楚應該如何實現最終想要的生活……而且立刻去做？」

不到三個月的時間，他們就在祖父母家隔壁找到一棟附有土地的房子，並且搬進去住。最後西恩與梅兒打造一項

和孩子與祖父母有關的事業，不只賺到足夠還清債務的錢，也付完房貸，還買下祖父母的房子，讓他們免費住在那裡。最後，他們賣掉這間公司。

西恩說：

> 我們一家人共度美好的時光。現在，我有更多時間陪伴美麗的妻子與孩子，以及祖母。不幸的是，祖父在去年年底意外過世。因此，事實證明，搬到祖父母家隔壁並展開過去十年間所做的各項改變，遠比我們預想的還要正確。雖然失去祖父讓我相當悲痛，但是我更無法想像，要是我們的孩子與他不夠親近、如果我們沒有住在彼此隔壁、如果沒有將時間用來和祖父母一同打造事業，會是多麼大的遺憾。現在，我們正充分運用自己的人生。

你提出的問題是未來的指引

請思考下列問題，你腦中出現的第一個答案是什麼？

- 你是不是等著擁有更多資金才能擁有更多時間？
- 現在，你大部分的時間是不是都花在最終目的優先

事項上？

● 你的家人與朋友是不是都排在你的工作之後？

提出「更好」的問題可能會在「你想要什麼」與「你如何達成目標」之間形成一種讓人不舒服的隔閡。

從最終目的問題開始採取行動

在你一次又一次為了取得成功而解決問題後，大多數問題都有充足的空間因應，以各種可能的答案來解決。就這個意義而言，為了你想要達成的、最重要的事情（而非遵循時間管理者為自身目的所創造的錯誤地圖）而邁向成功，就像從太空看地球所產生的總觀效應一樣，你可以用更靈敏細膩、更懂得欣賞的角度來看待你的世界。如果你已經抵達準備位置，要進入時間翻轉的大氣層，請有意識的根據最終目的提出問題，問問自己該怎麼做。

預防火災

我們的冰箱突然起火了。於是，我們馬上拔掉插頭，讓它不要繼續燃燒。後來發現是濾水器故障滴水才引起電線走火。冰箱上亮起警示燈提醒我們更換濾水器，可是我們什

麼都沒有做。

那麼，冰箱到底為什麼會起火燃燒？回頭想想，是電源的問題、濾水器的問題，還是使用者的問題呢？從不同的問題、目標與偏見來回答，這些全部都是正確答案。

- 回顧過去可以為歷史列出注解，內容取決於你的觀點認為哪些事才有關係，並因此影響你現在如何依據這個問題運用時間。
- 展望未來則可以產生不同的問題與方向，導引你現在如何依據這個問題運用時間。

如果我問自己下列的前瞻性問題：「要去哪裡買一台新的冰箱？」我運用時間的方式會有什麼不同？

當你運用時間的思考濾網來過濾問題時，就會產出各種新的問題，讓你洞察和你的時間目的更加相關的好答案。

你問的問題的本質，
將如何影響你運用時間的方法呢？

在解決問題時，問問自己應該問什麼問題，才能解決問題、長期不再發生相同問題，同時創造更多時間、帶來最多好處（以及最少壞處）。

利用時間翻轉問題來撲滅小火苗，可以幫你在火勢轉大之前挽回局面。

考量各種觀點，可以改變行為。

我們生活中幾乎每天都有小火苗，當你撲滅它們時，請將它們視為改善流程、改變做法的方式，讓你把會對時間運用產生負面影響的事物消除、委任或外包出去。

問自己下列七個時間翻轉問題

進行個人盤點。在一年或兩年之後，你認為心滿意足的理想生活會是什麼模樣？

1. **最終目的**：在你達成目標之後，成功對你而言會是什麼模樣？

2. **超決策**：然而你真正優先考量的是什麼？在過程中，你想成為什麼樣的人？

3. **超專案**（Meta-Project）：你可以開始進行哪些讓你實現整體願景目的的專案？

4. **專案堆疊**：你的專案中有哪些部分重疊，因此一個優先考量事項可以同時滿足多個目標？

5. **工作同步**：如果專案可以在沒有你的情況下運作，讓你的工作與生活目標一致的做法是什麼？

6. **專家外包**：誰可以為你（或者和你一起）完成？

7. **報酬導向**：你現在是透過哪些方式獲得報酬，支持你更輕鬆的實現原則、夢想與價值觀（最終目的）？

如果你未來一年或兩年的願景可以在六個月或更短時間內實現，你覺得如何呢？你現在會開始做什麼來實現那個願景？你需要做些什麼才能創造出那個環境，讓你根據未來採取行動，而不是從過去經驗來行動？

你認為自己最幸福的人生是什麼樣子？

讓目標變得迫切又重要

利用現有的資源，根據未來想要的生活採取行動，而非朝著未來前進，如此一來，你就能創造許多超乎預期、意想不到的稜鏡效應可能性。

下列問題可以幫助你讓<u>時間翻轉</u>盡早發生：

● 如何才能讓目標變得迫切？

● 以前的哪些經歷阻擋我去做這件事？

● 我能克服自己所有的藉口嗎？

問自己「如果知道該怎麼做，我會怎麼做？」，進一步

問「如果聘雇知道該怎麼做的人，我會怎麼做？」，再進一步「如果這麼做可以賺錢而不必占用我的時間，我會怎麼做？」，你將會創造出非常不同的未來。

將問題對焦在排好優先考量事項的目的，以及有金錢報酬的專案

不要欺騙自己。 人們經常害怕問自己真正想要什麼，因為怕自己做不到，或者因為任何荒謬的理由而踟躕不前。相反的，你應該將問題對焦在達成目標後的成功境界，如此一來，那些荒謬的藉口就會隨著答案浮現而消失無蹤。

更好的問題←→目的←→優先考量事項←→專案←→報酬

你不必辭職

約翰・馬胥尼（John Mashni）被法律工作淹沒。「我想花更多時間陪伴妻子、孩子與家人，打造一份不必犧牲人生最好時光也能賺錢的工作。」他說：「我想寫書，我想創造一份能讓自己控制時間的事業。」

他學著接受別人認為他的新構想很瘋狂，因為目標之上的目標勝過他對變化的恐懼。他開始問自己能做些什麼，

才能在日常生活中落實自己的價值觀。於是，他決定全心投入創作兒童讀物，這是任何外人都會覺得不明智的決定。

約翰說：「我的法律事業非常忙碌，因此身邊的人都沒有預料到我想寫一本愚蠢的兒童讀物。然而這是正確的決定，我現在有更多時間陪伴孩子，我們會一起開開心心的創作有趣的書籍，為其他孩子和父母帶來歡笑。此外，當你向我介紹時間翻轉的概念時，曾經鼓勵我從事符合專長與目標的法律工作，而不要只是幫助其他人變得富有。我因此學會不再繼續等待人生的到來。」

時間翻轉者不必辭掉工作，也不必結束可以支應生活開銷的事業（如果他們不想，就不需要這麼做）。你可以藉著提出更好的問題，來為自己的優先考量事項與專案騰出空間，進而影響你的職場與個人生活，讓你獲得更多可以創造意義的**能力、可能性**與**自主權**。

「我不應該再認為自己的人生在五年或十年之後才會變得更好。」約翰表示：「我應該今天就開始過想要的生活，而不是認定完美的人生還離得很遠。生命短暫，你永遠不知道人生什麼時候會結束。在這個世界，很多人向大眾兜售建議，而時間翻轉向關注這種想法的人（就像現在的我）傳遞了智慧。我的人生將從此變得不同。」

問題會產生問題，但是對焦於目標的問題能支持你採取鼓舞人心的行動。

提出可以改變一切的問題

請思考下列三個人們津津樂道的問題,並且應用在自己身上:

「人生中最恆久不變、最迫切重要的問題是:『你為別人做了什麼?』」

小馬丁・路德・金恩(Martin Luther King, Jr.)說:「每個人都必須在某個時間點做出決定,是要走在創造性的利他主義光芒中,還是走在破壞性的自私黑暗中。判斷的基準是:「人生中最恆久不變、最迫切重要的問題是:『你為別人做了什麼?』」

「如果今天是人生中的最後一天,我會想做我正要做的這些事嗎?」

史蒂夫・賈伯斯說:「我17歲的時候讀到一句話,那句話的意思大概是:『如果你把每一天都當成人生的最後一天,總有一天你會做出對的事。』這讓我留下深刻的印象。從那個時候開始,一直到現在的33年裡,我每天早上照鏡子的時候都會問自己:『如果今天是我人生的最後一天,我會想做我正要做的那些事嗎?』當一連好幾天的答案都是『不』的時候,我就知道自己需要做出一些改變。」

「如果人們對於引領今日生活的方式需要做出改變，那會是什麼？」

布芮尼·布朗（Brené Brown）問道：「在這個複雜且快速變化的環境中，我們面臨看似棘手的挑戰以及對創新永不滿足的需求，為了讓領導者可以獲得成功，如果人們對於引領今日生活的方式需要做出改變，那會是什麼？」

哪個問題你還沒有問過自己？

要有辨識力

根據我的預測，辨識力將成為這個世紀最重要的領導能力。學會辨識事物的領導者、創業家與個人將能擁有獨特且罕見的優勢，可以幫助更多人、增加更多價值，並且為他們關心、摯愛與服務的人創造出更好的體驗。

辨識力來自提出更好的問題。對於領導者、創業家、創意人員、商人與個人決策者而言，辨識力能幫助你看見不止一個機會、發覺不止一種視角，讓你免於承受機會成本增加的定律。

控制方向。查爾斯·狄更斯（Charles Dickens）在《雙城記》（*A Tale of Two Cities*）中的描述，可能正是對於真理多面性與異步性（asynchronous）的本質以及辨識力的精隨

最好的定義。他說：「這是最好的時代，也是最壞的時代；是明智的時代，也是愚蠢的時代；是信仰的時代，也是懷疑的時代；是光明的季節，也是黑暗的季節；是充滿希望的春天，也是令人絕望的冬天；我們的前方有著一切，我們的前方一無所有；我們正走向天堂，也遠離天堂。」如今，你正面對著人性最好的一面和最壞的一面。

什麼才是往前邁進的最佳方式？從最終目的開始採取行動。身為時間翻轉者，你的任務是藉著提出更好的問題來辨識事物，讓自己在最棒的地圖上找出答案，並且在日常生活中以一種愈來愈接近整體願景夢想（4P）的方式引導你的生活與工作。

> 同樣是提出問題，
> 如果你可以問價值100萬美元的問題，
> 為什麼只問價值1美元的問題？

改變你的問題，就能改變你的生活。

歡迎來到你的未來。現在你已經解放了自己的時間，你打算如何運用？更重要的是，在這個過程中，你想要成為什麼樣的人？

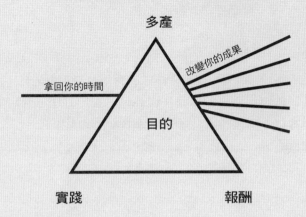

本章活動範例：更好的問題

多產

改變你的成果

拿回你的時間

目的

實踐　　　　　　　報酬

1. 請以你想做的事情為中心，寫下十個你覺得具有挑戰性的開放式問題。比方說，你或許想開創新的事業，可是覺得自己沒有時間、經驗或金錢這麼做。

2. 不要因為這些阻礙就說自己做不到，倒不如問問自己可以做到哪些事。利用你在時間翻轉中學到的原則，就能得到有創意的答案，像是：如果XYZ沒有發生，ABC怎麼可能在某個**不切實際**的日期發生？

- 請記住，你不必自己完成所有事。如何在專案中運用時間，你就是建築師。假如你不知道該怎麼完成某件事，就去問誰可以幫你完成、怎麼做才能完成、要在哪裡完成，以及為什麼這件事一定要完成。透過這種方式，你就能找出完成它的方法。

- 許多人無法找到答案，只是因為他們害怕答案代表的意涵，或者畏懼完成工作可能需要付出的代價。然而，成功人士更害怕的是不去嘗試（以及不去嘗試所帶來的遺

憾），而不是失敗。讓這些更好的問題勝過你所害怕的
答案，推動你採取行動。

3. 現在，你已經以你的挑戰為中心，提出十個開放式的「更
好的問題」，請和有利害關係的夥伴分享這些問題。

4. 請討論將挑戰排除、委任與外包出去的方法，以削減風險
並獲得成果，而不需要等待數年才實現目標。

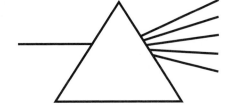

追求多產，不要追求完美。

追求多產，不要追求完美

格里夫是個很神奇的朋友。

那天有幾百個人在那片僻靜的海灘上歡呼。我們手牽著手圍成一圈，乘著衝浪板在海面上進行紀念儀式（paddle-out）*，一起為8歲的格里夫、也是我最好的朋友祈福，他在一週前離開。我們在海灣中央對著我們的衝浪板潑水，並且齊聲哭泣，唱著〈夏威夷驪歌〉（Aloha Oe）的時候和格里夫的家人一起投擲夏威夷花環以表達哀悼之意。

人生很不公平。如果我們不會感到哀痛，那該有多好？然而我們確實會悲傷難過。如果掙扎不是人生的一部分，那該有多好？然而生活中確實會有許多掙扎。如果我們可以把所有的時間都拿來陪伴心愛的人，那該有多好？然而

---

* 編注：這個儀式源於夏威夷文化，現在也是衝浪圈紀念故人的方式。故人的親屬會選定海上一個定點，大家一起乘著衝浪板，帶著鮮花或花圈前往。抵達定點後，參與者會手牽著手圍成一圈，並且發表禱詞，最後大家帶著微笑將鮮花或花圈投入海中，並且對著衝浪板潑水。

我們無法這麼做。

是的，格里夫在這世界上的短短 8 年中，經歷過許多不公平的痛苦與掙扎；可是，你永遠看不出來，因為他對日常生活的各種小事充滿純然的興奮與喜悅。

他燦爛且深具感染力的笑容、他的熱情、他完全無視自身困境的態度、他對每個人無條件的愛……都讓格里夫成為鎮上的話題人物。

格里夫是這世界上最幸福的人。對我而言，格里夫就代表了愛。

去問一問每個認識他的人，他們都會告訴你格里夫很愛他們，而且他是他們最好的朋友。他確實是。格里夫不知道自己能擁有多少時間，可是他短暫的人生使他成為愛的化身。格里夫為我帶來啟發。

你想成為什麼樣的人？

當我為這本書畫上句點並且回顧那段研究、測試並撰寫內容的歲月時，我意識到，優先考量時間就是優先考量你所愛事物的方式。時間與愛相關，時間是表達愛的一種方式。

無論你是花費時間、投入時間，還是犧牲時間，無論是花費珍貴的時光或者大量的時間，愛都表現在你如何運用

時間上。

　　但願時間翻轉能幫助你透過工作、藝術創作、人際關係與生活這些愛的禮物，在給予的同時獲得真正想要的事物。

　　你是否有時間做自己喜歡的事，多半取決於你對自己的看法，而非這個世界對你的看法。

　　我希望你選擇追求具有意義的彈性生活與自主生活。

　　在你面對的挑戰當中，請你選擇為豐富的幸福人生騰出空間，無論你的時間多麼不足。

　　讓**時間**成為你的目標使命：「**今天」就是我的一切**。

. . . .

這不是演習。

回覆「**好**」以確認收到訊息。

. . . .

這是你的時間，請將它翻轉。

讓今天的日落成為重啟人生的機會。

補充資料

額外獎勵！90天大挑戰

下載**免費的時間翻轉工具箱**，從分心轉向展開行動，將你的注意力排序，並且在90天內取回你的人生。90天大挑戰將帶領你依照專案、日復一日、一步一步前進，為你帶來原先準備花一輩子實現的人生經歷。時間翻轉工具箱裡還包括我未能納入這本書中放入的資料，例如：

- 生活與工作課程的影音檔
- 為創業家與高階主管準備的數據資料、研究報告以及工具
- 時間管理的興衰簡史

關於由本書所提供、可結合時間翻轉實踐做法的工具、表單與策略，敬請參考：RichieNorton.com/Time；這些工具、表單與策略會不斷更新變動。

請和我聯繫！

如果各位喜歡這本書，請多多分享！我非常樂意與各位在線上互動。

會談、諮詢或教練需求：

Richie@RichieNorton.com

Podcast: RichieNorton.com/Podcast

網站：RichieNorton.com

Instagram：@richie_norton

感謝你是個這麼酷的人！

謝辭

滿心感激。

每當我想到有那麼多人合力、那麼多互動交流，以及那麼多事件同步進展，才能促成這本書誕生，就覺得自己力有未逮、不知所措。我非常感謝這些時間翻轉者願意公開分享自己轉變、發現與改變視角的經驗，多虧他們，現在任何人都可以測試自己的時間彈性，並且善加利用這種已經通過驗證的方法。

如果沒有這麼多人的重要貢獻，要整合完整的生活、事業與時間的教訓，最終都只能流於理論。每當我看見人們取回自己的時間，並且善加運用時間時，內心就有無與倫比的喜悅、幸福與感恩。

喜悅、幸福與感恩是來自同一株葡萄藤的果實。幸福留存在當下，剩下的便是感恩與共享的記憶。

面對這本書幕後的靈感與勇氣來源，以及方法論的發展推手，我將永遠虛懷若谷、由衷感激：

　　——感謝娜塔莉，妳是我的一切。沒有任何話語能表達和妳結婚20年的美滿幸福！我們很早就結婚、很早就有了孩子，感覺像是共同度過很多段人生。妳最大的夢想是全家人一起踏上旅途、長期四處遊歷，這促使我們在熱情冷卻之前改變工作的方式，並且在孩子們滿屋子爬行的同時實現了夢想。別人總說我們做不到，哈哈！我仰望妳，我尊敬妳，我讚賞妳，我愛妳。謝謝妳教會我無條件的去愛別人。我們都曾經歷過地獄，但是地獄沒有將我們打垮！

　　——感謝我的兒子羅利。每當你冒著生命危險爬上山脊、在大浪中翻騰、從高空一躍而下，或者做出其他嚇人的壯舉時，我問你是否害怕，而你對我說：「這就是重點……要鼓起勇氣。」當你教導我重點在於鼓起勇氣時，你改變了我的人生。謝謝你教會我胸懷目的去面對恐懼。

　　……喔，還要謝謝你陪我在日本大阪與中國東莞一起唱卡拉OK。

　　——感謝我的兒子卡登。你曾經告訴我：「誰說『偉人的想法都一樣』？事實上正好完全相反。」你說的沒錯，謝謝你教會我開導創造力的藝術。你11歲那年，我們在加拿大的英屬哥倫比亞省（British Columbia）露營、進行旅行學習時，剛好來到一條泥濘的鄉間小路，你對我說你感到很困惑，因為「每一間營收數億、數兆美元的公司，都是起始於一個構想，然而明明很多人都擁有價值千萬美元的構想，卻

不採取行動。他們只等著別人去做……那你為什麼不勇敢的走出去、自己著手執行，然後成為億萬富翁呢？」小孩子說的話果真也是很有道理。你的藝術、音樂以及實踐構想的能力十分振奮人心。

—— 感謝我的兒子林肯。謝謝你經常要我去衝浪，因為我撰寫這本書的構想，就是在衝浪時浮出水面的。大海真是療癒人心。你從那場車禍後的昏迷中甦醒時就問我：我們還能不能去潛水看鯊魚……你還告訴你母親你很愛她，並關心她是否無恙。你真是個好孩子。在發生車禍之後，你沒有因此害怕恐懼或帶著傷痕面對人生，反而像是毫無阻礙似的擁抱生活，這種精神既罕見又強大。你教會我以堅強樂觀的態度面對困難。

—— 感謝我的兒子小蓋文帶給我的美好回憶，教會我活著的美好。

—— 感謝「舅啾」蓋文帶給我的美好回憶，他是體現生命熱情的典範。

—— 謝謝那些曾經寄養在我們家的好孩子。無論你們現在身在何方，你們的力量都超越我們所知的一切，你們讓我們充滿驚喜欽佩、時時鼓舞我們。

—— 謝謝我的父母讓我像風箏一樣自由自在長大，同時又輕輕握著風箏線使我不致迷失方向、隨風飄走。

—— 謝謝我的岳家始終如一且毫無條件的給予我關愛

與支持。

——當然，還要謝謝偉大的格里夫，還有他最棒的雙親，克里斯與泰樂兒・皮爾斯（Chris and Taylor Pierce）。娜塔莉與我從你們的生活態度、教養方式以及和世界分享格里夫天分的做法獲得啟發。感謝你們展現韌性，並且幫助我更加理解心智堅定的原則。和你們一起橫越歐洲的旅程是我們人生中最棒的時光。

——謝謝班・哈迪。你從我的學生變成導師，感謝你讓我的構想更精進，並賦予本書一雙翅膀，幫助我走向未來的自我。你是我的摯友。我也要謝謝蘿倫（Lauren）、你們優秀的孩子以及你慷慨大方的家人。這些年來我為了撰寫這本書而到你們家拜訪時，大家總是親切的招待我。

——謝謝我認真負責的作家經紀人羅利・里斯（Laurie Liss），你的領導能力與固執堅持幫助我專心致力並且不斷改進我的寫作。你的行事作風大膽、謙遜，對我來說意義重大。

——謝謝責任編輯丹・安布羅西奧（Dan Ambrosio）。感謝你如此熱情又專業的執行這個案子，而且對我如此信賴。感謝你與阿歇特出版公司（Hachette）對這本書的建議、遠見以及品質優秀的執行成果。感謝你不受夏威夷與紐約兩地時差影響，無縫接軌的完成工作。能由你這麼優秀的人負責這本書，我深深感激並萬分寬慰。

——謝謝許多為同意在這本書裡分享他們故事的時間翻

轉者，如泰勒・康明斯、約翰・李・杜馬斯、派特・弗林、蓋兒・哈拉迪、史蒂夫・哈拉迪、班傑明・哈迪博士、尼爾・胡珀、拉瑪・伊尼斯、拉雪兒・賈維斯、艾薇・瓊斯、山姆・瓊斯、蜜雪兒・約根森、布萊斯・尤爾根斯邁爾、奈莉・尤爾根斯邁爾、瑪茹亞・馬格雷、帝法恩・馬格雷、卡麥隆・曼瓦林、約翰・馬胥尼、西恩・麥克萊倫、安潔兒・奈瓦盧、珍・歐希洛、格雷格・派西、綺拉・波爾森、凱西・普萊斯、拉蒙・雷伊、西拉、尚恩・范戴克、道格與琳西、蘿拉・維克、班恩・威爾遜，以及凱勒伯・沃西克等人，未盡之處請見諒。此外，也非常感謝其他成千上萬名時間翻轉者，包括我的學生、客戶、朋友、家人，以及希望匿名者。

——謝謝那些願意在時間翻轉這個名稱確定之前就嘗試時間翻轉框架與時間翻轉方法的熱心人士。我也感激歷代偉人遺留下來的智慧，包括亞里斯多德和他對最終目的的認同。的確，如果沒有過去與現在這些人的生活例證、洞見、失敗與成功，這本書就不可能完成。我刻意放慢寫作這本書的速度，是因為考量到這些方法必須實質應用在各種有趣的情況、地點與目的之下才能充分發揮效果。

——感謝我在PROUDUCT公司的事業夥伴帝法恩・馬格雷與賈斯・貝內特（Jase Bennett），多年來都運用這些原則和我合作。我們在工作時、在家裡時、在居家辦公時能夠

一起完成的工作確實令人驚嘆，而且我們在享受樂趣的同時（無論是我們一起、個別，或者和家人在一起時）還可以創造全球化且去中心化的足跡。我最鍾愛的一段回憶是，有一次距離下一場會議還有24小時空檔，於是我們從深圳飛到曼谷玩了一天。時間正式翻轉了。真的很過癮。

——感謝惠特妮·詹森。妳教會我如何自我瓦解、擺脫困境，以及如何以聰明的方式成長。妳的仁慈與友善驚為天人，從事最複雜工作時創造歡樂的能力更令人難以置信。我們一起做專案時，妳教會我一門藝術：以正直的心態擁抱全新的事物，並且專注於進步的核心原則。謝謝妳幫助我藉著自我瓦解而成為更好的自己。

——追思史蒂芬·柯維，感謝他教會我領導力。當我問他如何在特定情況下處理和某個人的關係時，他告訴我應該要成為對方的朋友，不要有任何隱瞞。這句充滿智慧的話語讓我一生受用，我也將它運用在奠基這本書上。

——感謝小史蒂芬·柯維，你教我要相信自己。謝謝你願意花時間指導我，在恰當的時機伸出援手，並且以自身為榜樣對我賦予信賴，來展示如何信任他人。你教會我對自己的學習與交付成果的能力具有信心。

——感謝在前製期間幫助我的所有專家。感謝梅西·羅賓遜（Macy Robinson）多年來協助改進我的敘事與表達方式，感謝肯尼斯·巴恩斯（Kenneth Barnes）神奇的編輯

手法，感謝史蒂文・辛克（Steven Zink）負責確保資料來源的正確性，以及所有協力人員。在痛苦的初稿產出期間，你們的協助大大改善了整個流程。

——感謝西拉。妳是一盞明燈，教會我在逆境中克服一切困難的意義。

——感謝馬歇爾・葛史密斯。你教會我「讓你來到這裡的，不會讓你去到那裡」的奧祕。你教會我如何藉由幫助對事物付出關心的人，進而擴大自己的影響力。你在全世界最優秀的高階主管教練群中建立了一個愛的網絡。我很感激能成為MG100教練的一員。

——感謝史考特・奧斯曼（Scott Osman）。你在MG100培育領導力、經營社群，並教會我如何透過建立友誼、讚美他人，以及突顯人性最好的一面，讓生活更加豐富。

——感謝班恩・威爾遜。你運用自己的天分向別人展現如何實踐這些原則來改變生活。你巨大的貢獻產生了影響既深厚又長遠的漣漪作用。

——感謝Drex_jpg令人驚豔的藝術創作。Drex_jpg主動將我的話語製成圖檔發表在網路上，我看過他的作品之後非常喜歡，並因此雇用他工作。隨著時間經過，我十分信任他的藝術眼光，因此請他為這本書原文版進行美術設計，這也是時間翻轉的一個完美例證。

——感謝格雷格・派西。你釐清人們抱持希望的習

慣，並且為全世界的自由接案者創造廣泛的資源。

——感謝邁克與艾胥莉・勒米厄（Mike and Ashley LeMieux）。當我人在納什維爾（Nashville）以為夏威夷即將被導彈夷為平地時，是你們陪伴著我。

——感謝烏爾迪斯・格雷特斯（Uldis Greters）。你經營一間為創作者穩當創造出時間自由的國際企業，如果沒有你，這一切不可能發生。

——感謝曾經光臨《瑞奇・諾頓秀》（*The Richie Norton Show*）Podcast節目並協助塑造當今思想領導力的所有嘉賓：格雷琴・魯賓（Gretchen Rubin）、小史蒂芬・柯維、傑夫・戈因斯（Jeff Goins）、派特・弗林、約翰・李・杜馬斯、蘇珊・坎恩、麥克・邦蓋・史坦尼爾（Michael Bungay Stanier）、惠特妮・詹森、西拉、克里斯・達克、唐納德・凱利（Donald Kelly）、凱西・卡普里諾（Kathy Caprino）、瑪吉・德修斯（Marj Desius）、麥肯錫・布奧爾（McKenzie Bauer）、拉蒙・雷伊、班傑明・哈迪、馬歇爾・葛史密斯、齊斯・費拉齊（Keith Ferrazzi）、瑞特・鮑爾、賈桂琳・烏莫夫（Jacquelyn Umof）、貝琪・希金斯（Becky Higgins）、保羅・卡鐸、理查・保羅・伊文斯（Richard Paul Evans），以及其他許多分享自己故事的人。感謝你們從幸福、創業、生活方式與生產力的角度回答我關於時間自由的問題。

　　——感謝我家小狗維爾奇（Velzy），牠總是有好心情。每當我們一起在海灘上散步，對於我透過電話完成的交易、進行的教練工作、創造的專案，牠聽到的比任何人都還多。那真是美好的時光。

致上我最深的敬意

瑞奇‧諾頓

日落海灘，夏威夷歐胡島北岸

2022 年 1 月 24 日

注釋

前言
- 關於手機上出現彈道飛彈接近的錯誤警訊報導，請參閱："'Wrong Button' Sends Out False Missile Alert," Honolulu Star Advertiser, January 13, 2018, www.staradvertiser.com/2018/01/13/breaking-news/emergency-officials-mistakenly-send-out-missile-threat-alert/。
- Richie Norton and Natalie Norton. *The Power of Starting Something Stupid: How to Crush Fear, Make Dreams Happen, and Live Without Regret* (Salt Lake City, UT: Shadow Mountain, 2013).
- Frederick Taylor's *The Principles of Scientific Management* (New York: Harper & Brothers, 1919)，全文書稿請見古騰堡計畫（Project Gutenberg）網站：www.gutenberg.org/ebooks/6435。

導言
- Stephen R. Covey, *The 7 Habits of Highly Effective People: Powerful Lessons in Personal Change* (New York: Simon & Schuster, 1989), 90–91. 繁體中文版《與成功有約》由天下文化出版。
- Peter Drucker, *Landmarks of Tomorrow* (New York: Harpers, 1959). 繁體中文版《明日的地標》由博雅出版。
- 請參見匿名戒酒會："Is A.A. for You? Twelve Questions Only You Can Answer"，www.aa.org/pages/en_us/is-aa-for-you-twelve-questions-only-you-can-answer。

第 1 章
- Whitney Johnson, *Disrupt Yourself* (Cambridge, MA: Harvard Business Review, 2015).
- 西拉和我於 2016 年在摩爾多瓦（Moldova）相遇，當時我們都在 TEDx 發表演說。後來，她成為我們家的親密好友。我從夏威夷越洋訪問人在好萊塢家中的她，並詢問她的人生體驗與教訓。關於西拉的更多資訊以及這段《瑞奇‧諾頓秀》Podcast 的訪問內容，請參見："SIRAH—A Light in the Dark," February 23, 2020, https://richienorton.com/2020/02/s1-e23-sirah-a-light-in-the-dark-explicit/。
- Jessica Sager, "Skrillex Nabs Best Dance Recording + Best Dance/Electronica Album Trophies at 2013 Grammys," February 10, 2013, POPCRUSH, https://

popcrush.com/skrillex-2013-grammys/.
• 關於亞里斯多德與最終目的的更多詳細資訊，請參閱：Andrea Falcon, "Aristotle on Causality," *Stanford Encyclopedia of Philosophy* (2006, revised 2019), https://plato.stanford.edu/entries/aristotle-causality/。

第2章
• Dorie Clark, *Stand Out: How to Find Your Breakthrough Idea and Build a Following Around It* (New York: Portfolio/Penguin, 2015)。
• 關於班傑明‧哈迪的著作，請參見：https://benjaminhardy.com。（編注：另請參閱哈迪博士的繁體中文版著作《我的性格，我決定》，由天下文化出版。）

第3章
• Geoffrey James, "45 Quotes from Mr. Rogers That We All Need Today," *Inc.*, August 5, 2019, www.inc.com/geoffrey-james/45-quotes-from-mr-rogers-that-we-all-need-today.html.
• Madeleine L'Engle, *A Wrinkle in Time* (New York: Farrar, Straus & Giroux, 1962). 繁體中文版《時間的皺摺》由博識圖書出版。
• 董事長的信（華倫‧巴菲特）請參見："To the Shareholders of Berkshire Hathaway, Inc.," 1993, www.berkshirehathaway.com/letters/1993.html.。
• 此處指的是史蒂芬‧柯維《與成功有約》提及的第二個習慣。
• 帕雷托法則（Pareto Principle）由19世紀的義大利經濟學家維爾弗雷多‧帕雷托（Vilfredo Pareto）提出，通常被稱為80/20法則，意為20％的行為會導致80％的結果。更多相關資訊請參閱："Pareto Principle," APA Dictionary of Psychology, https://dictionary.apa.org/pareto-principle.。

第4章
• 請參閱：Marcus Aurelius, *The Meditations*, bk. 1 (translated by George Long), Internet Classics Archive, http://classics.mit.edu/Antoninus/meditations.mb.txt.。
• 吉姆‧柯林斯（Jim Collins）是《從A到A+》（*Good to Great: Why Some Companies Make the Leap and Others Don't*；New York: Harper Business, 2001；繁體中文版由遠流出版）和其他商業領導力與策略相關暢銷書的作者，他表示自己從傳奇管理顧問彼得‧杜拉克那裡學到這個關於決策的格言。柯林斯在彼得‧杜拉克的《杜拉克談高效能的5個習慣》（*The Effective Executive*；New York: Harper Business, 1967；anniversary ed., 2017；繁體中文版由遠流出版）一書的50週年紀念版前言中分享了他從彼得‧杜拉克身上學到的事。
• 達頓集團在企業商務通訊刊物／部落格「達頓方程式」（The Darton Equation）（2012年1月）中評論華特‧艾薩克森（Walter Isaacson）備受

讚譽的著作《賈伯斯傳》（*Steve Jobs*；New York: Simon & Schuster, 2011；繁體中文版由天下文化出版）時提及此事，請參見：https://dartongroup.wordpress.com/tag/steve-jobs/。艾薩克森在2011年出版的這本傳記中指出，賈伯斯多年來經常提到這句話。

* 有關巨石強森成功的事業理念，請參閱：Jason Feifer, "Dwayne Johnson and Dany Garcia Want You to Rethink Everything," *Entrepreneur* (April 2020; updated March 2021), www.entrepreneur.com/article/348232。

第5章

* 關於本章題詞以及艾嘉・伊文斯對人文精神與科技的影響，請參考："Aicha Evans:Human Spirit and Technology," *Disrupt Yourself Podcast with Whitney Johnson* (podcast), May 25, 2021, https://whitneyjohnson.com/wp-content/uploads/2021/05/DisruptYourselfPodcast217AichaEvans.pdf。

* 關於卡爾・羅傑斯這場冒險的描述，請參閱：Jason Paur, "Sept. 17, 1911: First Transcontinental Flight Takes Weeks," *Wired*, September 17, 2009, www.wired.com/2009/09/0917transcontinental-flight/。

* Gerald Smith, "Spanning Time: Before Lindbergh, Another Aviation Pioneer Made Brief Stop in Broome," *Binghamton Press & Sun-Bulletin*, July 19, 2019, www.pressconnects.com/story/news/connections/history/2019/07/20/early-aviation-pioneer-cal-rodgers-made-brief-stop-broome-county/1757428001/.

* Ben H. Morrow and K. W. Charles, "Cal Rodgers and the Vin Fiz," *Historic Aviation* (October 1969), www.modelaircraft.org/files/RodgersCalbraithCalPerry.pdf.

* 史密森尼國家航空航天博物館（Smithsonian National Air and Space Museum），"The First American Transcontinental Flight," https://pioneersofflight.si.edu/content/first-american-transcontinental-flight。

* Karen Weise and Daisuke Wakabayashi, "How Andy Jassy, Amazon's Next C.E.O., Was a 'Brain Double' for Jeff Bezos," New York Times, February 4, 2021.

* Cal Newport, *Deep Work: Rules for Focused Success in a Distracted World* (New York: Grand Central, 2016). 繁體中文版《Deep Work深度工作力》由時報出版出版。

第6章

* Alisa Cohn, *From Start-Up to Grown-Up: Grow Your Leadership to Grow Your Business* (New York: Kogan Page, 2021), 19.

* Jeremy Menzies, "The Ghost Ship of Muni Metro (Part 1)," July 21, 2016, www.sfmta.com/blog/ghost-ship-muni-metro-part-1.

* Jessica Placzek, "The Buried Ships of San Francisco," www.kqed.org/

news/11633087/the-buried-ships-of-san-francisco.
- Jessica Placzek, "Why Are Ships Buried Under San Francisco?," www.kqed.org/news/10981586/why-are-there-ships-buried-under-san-francisco.
- 史蒂芬・史匹柏的這句話引自："Michael Kahn (Film Editor)," June 10, 2018, https://alchetron.com/Michael-Kahn-(film-editor)。
- 有關巨石強森成功的事業理念，請參閱：Jason Feifer,"Dwayne Johnson and Dany Garcia Want You to Rethink Everything," *Entrepreneur* (April 2020), www.entrepreneur.com/article/348232。
- Caleb Wojcik and Pat Flynn, "The Origin Story Behind SwitchPod," https://switchpod.co/pages/about.
- Dan Sullivan and Benjamin Hardy, *Who Not How: The Formula to Achieve Bigger Goals Through Accelerating Teamwork* (Carlsbad, CA: Hay House, 2000).
- Thiefaine Magré, "Do What You Do Best and Outsource the Rest," https://www.linkedin.com/posts/thiefainemagre_productguy-operations-supplychain-activity-6783427167008256000-WQ6U/.
- 如欲獲悉更多關於PROUDUCT公司的資訊，請參考：www.prouduct.com。

第7章
- Ralph Waldo Emerson, *The Conduct of Life* (Boston: Houghton, Mifflin, 1859), 86.
- 蘿拉・維克的「身體心靈法」請參閱：https://thenewbodymind.com/。
- 本書有關安徒生的語錄，請參閱："Hans Christian Andersen Quotes," Goodreads, www.goodreads.com/author/quotes/6378.Hans_Christian_Andersen。
- Clayton M. Christensen, Efosa Ojomo, and Karen Dillon, *The Prosperity Paradox: How Innovations Can Lift Nations Out of Poverty* (New York: HarperCollins, 2019). 繁體中文版《繁榮的悖論》由天下雜誌出版。
- Akhilesh Ganti, "Economic Moat," Investopedia, www.investopedia.com/terms/e/economicmoat.asp.
- 威廉・愛德華茲・戴明研究所（W. Edwards Deming Institute）https://deming.org/quotes/10141/。
- Kevin Kelly, "1,000 True Fans," *The Technium* (blog), https://kk.org/thetechnium/1000-true-fans/.

第8章
- Adam Grant, "Productivity Isn't About Time Management: It's About Attention Management," *New York Times*, March 28, 2019.
- 如欲進一步了解葛史密斯的作品，請參閱：Marshall Goldsmith and Kelly Goldsmith, "How Adults Achieve Happiness," BusinessWeek, December 10, 2009, https://marshallgoldsmith.com/articles/how-adults-achieve-happiness/。關

於葛史密斯的其他作品，請參考官網：https://marshallgoldsmith.com/。

- Elon Musk, "The Secret Tesla Motors Master Plan (Just Between You and Me)," August 2, 2006, www.tesla.com/blog/secret-tesla-motors-master-plan-just-between-you-and-me.

- Marcel Schwantes, "Elon Musk Shows How to Be a Great Leader with What He Calls His 'Single Best Piece of Advice,'" *Inc.*, July 12, 2018, www.inc.com/marcel-schwantes/elon-musk-shows-how-to-be-a-great-leader-with-what-he-calls-his-single-best-piece-of-advice.html.

第9章
- Frank Johnson, *The Very Best of Maya Angelou: The Voice of Inspiration* (n.p.: Frank Johnson, 2014).

- Kerr Houston, "'Siam Not So Small!' Maps, History, and Gender in *The King and I*," *Camera Obscura* 20, no. 2 (2005): 73–117.

- Ramon Ray, "Entrepreneurship and Depression: Resource for Entrepreneurs to Understand and Conquer It," https://smarthustle.com/entrepreneurship-and-depression/#.YZbql2DMKUk. 這個網站包含拉蒙・雷伊的其他相關資訊與個人著作。

- Ivan DeLuce, "Something Profound Happens When Astronauts See Earth from Space for the First Time," *Business Insider*, July 16, 2019, www.businessinsider.com/overview-effect-nasa-apollo8-perspective-awareness-space-2015-8.

- Sarah Scoles, "So You Think You Love Earth? Wait Until You See It in VR," *Wired*, June 21, 2016, www.wired.com/2016/06/2047434/.

第10章
- 《生活》雜誌（*Life*）編輯威廉・米勒（William Miller）於1955年5月2日的文章〈天才之死〉（Death of a Genius）中記載了愛因斯坦這些話語與出處，請參見：www.sundheimgroup.com/wp-content/uploads/2018/05/Einstein-article-1955_05.pdf。

- 金恩博士的這句話出自他於1957年8月11日在美國阿拉巴馬州（Alabama）蒙哥馬利市（Montgomery）的布道。

- 史蒂夫・賈伯斯的這句話出自他於2005年6月12日在史丹佛大學畢業典禮發表的演說稿，請參見：https://news.stanford.edu/2005/06/14/jobs-061505/。

- Marla Tabaka, "Brené Brown Asked Senior Leaders This Tough Question," *Inc.*, March 28, 2019, www.inc.com/marla-tabaka/brene-brown-asked-senior-leaders-this-tough-question-answer-may-sting-a-bit.html.

- Charles Dickens, *A Tale of Two Cities* (Philadelphia: T. B. Peterson and Brothers, 1859), 4–5. 繁體中文版名為《雙城記》。

財經企管 BCB792

反時間管理：
拿回時間掌控權，每天做喜歡做的事
Anti-Time Management:
Reclaim Your Time and Revolutionize Your Results with the Power of Time Tipping

作者 —— 瑞奇・諾頓　Richie Norton
譯者 —— 李斯毅

總編輯 —— 吳佩穎
書系副總監 —— 蘇鵬元
責任編輯 —— 王映茹
封面設計 —— 謝佳穎

出版人 —— 遠見天下文化出版股份有限公司
創辦人 —— 高希均、王力行
遠見・天下文化・事業群　董事長 —— 高希均
事業群發行人／CEO —— 王力行
天下文化社長 —— 林天來
天下文化總經理 —— 林芳燕
國際事務開發部兼版權中心總監 —— 潘欣
法律顧問 —— 理律法律事務所陳長文律師
著作權顧問 —— 魏啟翔律師
社址 —— 臺北市 104 松江路 93 巷 1 號
讀者服務專線 —— 02-2662-0012 ｜ 傳真 —— 02-2662-0007；02-2662-0009
電子郵件信箱 —— cwpc@cwgv.com.tw
直接郵撥帳號 —— 1326703-6 號　遠見天下文化出版股份有限公司

電腦排版 —— 薛美惠
製版廠 —— 東豪印刷事業有限公司
印刷廠 —— 柏晧彩色印刷有限公司
裝訂廠 —— 台興印刷裝訂股份有限公司
登記證 —— 局版台業字第 2517 號
總經銷 —— 大和書報圖書股份有限公司｜電話 —— 02-8990-2588
出版日期 —— 2023 年 2 月 24 日第一版第一次印行

國家圖書館出版品預行編目（CIP）資料

反時間管理：拿回時間掌控權，每天做喜歡做的事／瑞
奇・諾頓（Richie Norton）著；李斯毅譯 .-- 第一版 .--
臺北市：遠見天下文化出版股份有限公司，2023.02

384 面；14.8×21 公分 .--（財經企管；BCB792）

譯自：Anti-Time Management: Reclaim Your Time and
Revolutionize Your Results with the Power of Time Tipping

ISBN 978-626-355-122-0（平裝）

1. CST：時間管理　2. CST：成功法

494.01　　　　　　　　　　　　　　112001691

定價 —— 450 元
ISBN —— 978-626-355-122-0 ｜ EISBN —— 9786263551275（EPUB）；9786263551282（PDF）
書號 —— BCB792
天下文化官網 —— bookzone.cwgv.com.tw

天下文化
BELIEVE IN READING